林业工程
建设管理研究

宋秀瑜　孙威威　刘　磊◎著

四川科学技术出版社

图书在版编目 (CIP) 数据

林业工程建设管理研究 / 宋秀瑜，孙威威，刘磊著 .
-- 成都 : 四川科学技术出版社，2022.10
ISBN 978-7-5727-0741-4

Ⅰ. ①林… Ⅱ. ①宋… ②孙… ③刘… Ⅲ. ①森林工
程 Ⅳ. ① S77

中国版本图书馆 CIP 数据核字（2022）第 195639 号

林业工程建设管理研究

LINYE GONGCHENG JIANSHE GUANLI YANJIU

著　者	宋秀瑜　孙威威　刘　磊

出 品 人　程佳月
责任编辑　张湉湉
助理编辑　朱　光　钱思佳
封面设计　星辰创意
责任出版　欧晓春
出版发行　四川科学技术出版社
　　　　　成都市锦江区三色路 238 号　邮政编码 610023
　　　　　官方微博 http://weibo.com/sckjcbs
　　　　　官方微信公众号 sckjcbs
　　　　　传真 028-86361756
成品尺寸　170 mm × 240 mm
印　　张　9.75
字　　数　195 千
印　　刷　天津市天玺印务有限公司
版　　次　2022 年 10 月第 1 版
印　　次　2023 年 3 月第 1 次印刷
定　　价　68.00 元
ISBN　　978-7-5727-0741-4

邮　　购：成都市锦江区三色路 238 号新华之星 A 座 25 层　邮政编码：610023
电　　话：028-86361770

前　　言

　　林业是生态环境的主体，对经济的发展、生态的建设以及推动社会进步具有重要的作用和意义。随着我国政策的不断发展和改革，以及全球经济一体化的趋势，生态经济的建设逐渐成为现代化建设的重要标志。面对这种机遇和挑战，林业工作肩负了更加重大的使命：一是实现科学发展，必须把发展林业作为重大举措；二是建设生态文明，必须把发展林业作为重要途径；三是应对气候变化，必须把发展林业作为战略选择；四是解决"三农"问题，必须把发展林业作为重要途径。全面推进现代林业发展进程，加快生态文明建设，是当今时代赋予我们的责任。

　　近几十年来，我国林业经历了以木材生产为主的阶段之后，又实现了向以生态建设为主的转变。如今，随着对森林认识的深化，逐步实践着将森林建设成完备的生态体系、发达的林业产业体系和先进的森林文化体系的综合功能体。更重要的是，在利用国际金融组织贷款实施林业项目的过程中，先进的技术与管理理念逐渐被引入，特别是环境保护与管理的理念得到不断强化。现在实施的林业项目注重环境的保护，最大限度地降低了对生物多样性、水土流失、水土资源污染的影响，逐步实现了生态、绿色的发展，给社会提供了更多的优质生态产品。环保措施的落实对贯彻实施"人与自然和谐共生""尊重自然、顺应自然、保护自然"等理念至关重要，是林业建设步入生产发展、生态良好、环境健康之途的关键所在。

　　中国的林业正在实现以生态建设为主的历史性转变。以现代林业理论为指导，以生态建设为根本，以项目为重要载体，依靠当代科学技术，创新与活化管理机制；采用工程建设的管理方法，即以科学、合理、系统的思想和方法，通过对项目资源的有效计划、组合、引导和施行，达到在规定的时间、预算和质量目标内实现整个项目的预期效果。可以说，科技与机制是林业建设的灵魂。本书首先对林业发展理论及基本特征进行了简要介绍，对林业生态环境的特点和现状进行了分析。其次重点阐述了林业生态工程类型和生态工程建设对林业发展的作用。最后基于林业工程建设的实际情况，对建设过程中普遍存在的问题提出了解决建议。本书注重理论与实际的紧密结合，力求科学性、先进性、实用性相互统一。

CONTENTS 目录

第一章　概述 ……………………………………………………… 1

　　第一节　我国造林绿化概况 ……………………………… 1

　　第二节　森林的作用 ……………………………………… 2

　　第三节　生态公益林类型 ………………………………… 5

　　第四节　城市森林 ………………………………………… 5

第二章　林业生态环境建设 …………………………………… 9

　　第一节　林业生态环境建设的作用 ……………………… 9

　　第二节　林业生态环境建设的内涵与特点 …………… 15

　　第三节　林业生态环境建设现状 ……………………… 19

第三章　林业生态工程项目管理 …………………………… 25

　　第一节　林业生态工程项目管理的程序 ……………… 25

　　第二节　林业生态工程项目管理的内容 ……………… 28

　　第三节　检查验收 ……………………………………… 34

第四章　林业工程建设与天然林保护工程 ………………… 39

　　第一节　天然林保护工程概述 ………………………… 39

　　第二节　生态公益林保护与经营技术 ………………… 47

　　第三节　天然林资源与生态环境监测 ………………… 55

　　第四节　天然林保护工程管理 ………………………… 59

第五章　林业工程建设与水土保持 ································· 70

　　第一节　造林地清理与水土保持 ························· 70

　　第二节　造林地整地与水土保持 ························· 73

　　第三节　混交林营造与水土保持 ························· 78

　　第四节　幼林抚育与水土保持 ··························· 84

第六章　森林火灾预防 ·· 90

　　第一节　森林火灾的发生及危害 ························· 90

　　第二节　森林火灾预防的行政措施 ····················· 92

　　第三节　森林火灾预防的技术措施 ····················· 99

第七章　林业有害生物的综合治理 ······························108

　　第一节　有害生物的发生特点 ··························108

　　第二节　有害生物发生日趋严重的主要原因 ··········109

　　第三节　有害生物综合治理的理论基础 ················111

　　第四节　有害生物的主要管理策略和技术措施 ········114

　　第五节　有害生物的管理 ······························119

第八章　林业体制改革与创新 ···································127

　　第一节　我国林业管理体制的现状 ····················127

　　第二节　我国林业体制改革所面临的困难 ············130

　　第三节　现代林业的保障体系 ··························134

　　第四节　现代林业的国际合作 ··························140

参考文献 ··149

第一章 概述

第一节 我国造林绿化概况

一、我国造林绿化的发展

我国在历史上曾经是个多森林的国家，由于森林长期遭到严重破坏，逐渐变成了一个少林的国家。1949 年，我国森林覆盖率仅为 8.6%，是世界上绿化率最低的国家之一[①]。

1949 年以后，特别是改革开放以来，党中央、国务院对造林绿化十分重视，先后就林业工作做出了一系列重大决定，有力地促进了林业发展。1979 年国家颁布了《中华人民共和国森林法（试行）》，并确定每年 3 月 12 日为我国的植树节。1981 年中共中央、国务院颁布了《关于保护森林发展林业若干问题的决定》。同年底，全国人大常委会又通过了《关于开展全民义务植树运动的决定》，这是我国对绿化事业做出的一个伟大创举，是一项重大的战略举措。

针对 1998 年我国南方地区洪水灾害和我国北方地区旱灾连年加重、沙尘暴频繁发生的严重生态问题，国家做出了林业生态建设的重要决策，实施了退耕还林工程、天然林保护工程、京津风沙源治理工程、重点地区速生丰产用材林基地建设工程、"三北"和长江中下游地区等重点防护林建设工程、野生动植物保护及自然保护区工程等六大工程，覆盖了我国 97% 以上的县，规划造林面积超过 7 333 万 hm^2。

在全国人民万众一心，为实现全面建设小康社会而努力奋斗的历史时刻，2003 年 6 月 25 日，中共中央、国务院又做出了《关于加快林业发展的决定》[②]（简称《决定》），这是党和政府根据经济发展新阶段、新需要、新目标，加快林业发

---

① 李泰君.现代林业理论与生态工程建设 [M].北京:中国原子能出版社,2020.
② 《中共中央、国务院关于加快林业发展的决定》（中发〔2003〕9 号）

1

展做出的新的战略决策，是全面建设小康社会伟大实践中林业建设的思想指针和行动纲领，《决定》对我国林业进一步发展产生了巨大的推动作用。

二、我国造林绿化现状

我国绿化事业在全党全国人民的高度重视下，经过多年的努力，取得了前所未有的发展。截至 2021 年，我国森林面积有 2.2 亿 hm^2，森林蓄积 175.6 亿 m^3，人工林面积 7 954.28 万 hm^2[①]。林业为国家经济建设和生态状况改善做出了重要贡献，对促进新阶段农业和农林经济发展、增加农民收入发挥着重要作用。

以上海为例。上海，曾经处于极度的"绿色贫困"中。1949 年，上海人均公园绿地面积仅为 0.132 m^2。改革开放给上海绿化事业带来了空前发展的"契机"。经过多年的植树造林，上海绿意渐浓。数据显示，从"十二五"规划期末到"十三五"规划期末，上海森林覆盖率提高了 3.5 个百分点，森林生态系统服务价值更是从 117.43 亿元增加到 165.50 亿元。截至 2020 年底，上海人均公园绿地面积已达 8.5 m^2，森林覆盖率达到了 18.49%，林地建设已呈现出规模化、工程化、社会化、多样化和产业化的新特点。[②]

2021 年上海新增森林 5 万亩（1 亩 =1/15 hm^2），抚育公益林 3 万亩，新建千亩以上开放休闲林地 10 个[③]。同时，有关部门完善优化了《开放林地建设导则》，为林地更好服务于市民提供支撑。根据《上海市生态空间建设和市容环境优化"十四五"规划》，上海已全面启动"千座公园"、环城生态公园带、环廊森林片区等重大工程建设；以外环绿带为骨架，向内连接 10 片楔形绿地，向外连接 17 条生态间隔带，与"五个新城"环城森林生态公园带密切衔接。一幅"宜居宜业宜游的大生态圈"图景正铺展开来。

第二节 森林的作用

森林是指一定面积的土地上，以树木为主，其他植物、动物、微生物共同生

---

① 国家林业和草原局政府网 https://www.forestry.gov.cn/main/586/20210312/232020941555940.html
② 此数据来源于上海滨江森林公园官方微信公众号。
③ 人民网 http://sh.people.com.cn/n2/2022/0311/c134768-35170340.html

存，并受气候、土壤等外界因素影响的综合体。森林效益是指森林在社会—经济系统中所起的作用，因此森林效益不仅取决于森林的自然地理条件和森林结构，同时也取决于社会经济发展的水平和公民文明素质的程度。目前，最通用的森林效益是人们常用的"三大效益"，即生态效益、经济效益和社会效益。

一、森林的生态效益

森林的生态效益，是指森林在自然环境系统和社会经济系统中，在维持生物之间、生物（包括人类）与环境之间的动态平衡中所具有的一切作用[①]。

（一）森林涵养水源效益

森林涵养水源效益是指森林对降雨的截留、吸收和储存，将地表水转化为地下水，增加枯水期径流等作用。

（二）森林固土保肥效益

森林的存在，特别是森林中活地被物层和凋落物层的存在，使降水被层层截留，并基本上消除了降水对表土的冲击和地表径流的侵蚀作用，因而森林具有显著的固土保肥功能。

（三）森林改良土壤效益

森林中大量的凋落物与土壤微生物、土壤动物组成了分解—合成—再分解—再合成的土壤养分循环系统，使森林土壤具有了维持和增加土壤肥力的自然源泉。

（四）森林净化大气效益

森林中的植物每年吸收大量的二氧化碳并排放大量的氧气，这是森林能维持大气平衡的根本原因。在光合作用过程中，每吸收 44 g 二氧化碳，就可释放 32 g 氧气。

（五）森林调节气候效益

大面积的森林，通过改变地面太阳辐射和大气流通，对空气的温度、湿度、降水、风速等气象因素产生不同强度的影响。林冠阻拦太阳辐射，并通过水分蒸发和蒸腾作用消耗大部分热量，从而林区有冬暖夏凉（年温差小）和日温差小的

---

① 张程. 现地调查对森林经营的作用 [J]. 内蒙古林业调查设计，2021，44(4): 75-76+58.

特点。同时森林通过蒸发、蒸腾作用，提高空气的相对湿度。另外，森林作为一个防风障，可改变风速和风向，风速由林缘向林内递减。

（六）农田防护林增产效益

农田防护林可防止或减轻灾害对农田的危害，成为农业丰收的可靠屏障。此外，森林还具有保护物种的效益。

森林的生态效益在短期内不易受到人类的直观感受，因此容易被忽视。在经过多次灾难的教训及生态学、农业、林业等学科的日益发展后，人类才深刻认识到实现森林生态效益的巨大意义。

二、森林的经济效益

森林的经济效益，是指从森林中直接取得木材和其他产品的直接效益。其中，首要的是为人类广泛应用的木材，及经过机械和化学加工制造的各种工业品，如纸张、人造丝、人造羊毛、电木制品（如电讯工具、电影机械、绝缘体、唱片、胶卷等）、钢铁替代品、代替淀粉发酵酒精、各种板材（胶合板、纤维板、刨花板等）。森林还能生产种类繁多的珍贵副产品，包括油、果、药材等，如桐油、樟脑、茶油、松香和松节油、杜仲、生漆、栓皮、白蜡、肉桂、松子、核桃、榛子、香榧、板栗、银杏、椰子，蘑菇、人参、鹿茸、麝香等。森林是人类经济发展中不可缺少的巨大宝库。

三、森林的社会效益

森林的社会效益，是指由于森林的存在而对人类的身心健康和精神文明方面起到的促进和提高的作用。包括：美学效益（指森林创造优美的环境而使人类得到艺术享受）；心理效益（指森林创造舒适的环境陶冶人类的品性）；游憩效益（指森林创造良好的游玩、休息环境）；纪念效益（指森林是自然发展的纪念物和历史的见证）；科学效益（指森林是科学研究的对象和科普活动的重要阵地）。与生态效益和经济效益相比，森林的社会效益深受一个国家和地区的经济发达程度和国民文化教养水平的影响，在一个贫穷落后、科教不发达的国家，它难以为人们普遍认识和社会认可。但它毕竟是客观存在的事实，而且随着全球经济和科学文明的不断发展，它在人类生存和健康发展中的巨大作用正在日益显现出来，其趋势和生态效益一样，必将超过目前被重视的经济效益。

第三节　生态公益林类型

生态公益林根据其主体功能及其主要生态效益，可将其划分为三大类。第一类是以发挥防护功能与效益为主的生态防护林；第二类是以为社会提供生态环境服务为主的社会公益林；第三类为自然保护区森林类型。

一、生态防护林类型

生态防护林以发挥森林防护功能与效益为其主要经营目的。根据其产生的主要防护功能及防护对象的不同，又可划分为水土保持林、水源涵养林、防风固沙林、农田防护林、护岸林、护堤林、护渠林、护库林、护路林、护牧林等二级生态公益林类型[①]。

二、社会公益林类型

社会公益林以改善水土、大气环境质量，供人们进行休闲娱乐、游憩等活动为主要经营目的。按照森林所发挥的主体功能及其森林景观的差异，还可划分为环境保护林、风景林和森林公园等二级生态公益林类型。

三、自然保护区森林类型

自然保护区森林以保护具有代表性的自然景观及野生动植物资源为主要经营目的，另外还兼有森林景观效益，可供人们休闲、游憩。按其任务和性质，又可分为科学研究专用自然保护区、天然风景保护区、防护效益自然保护区和单项重点自然保护区等二级生态公益林类型。

第四节　城市森林

一、城市森林的定义

城市森林，广义上是指在城市地域内以改善城市生态环境为主，促进人与自

---

① 王立军. 生态公益林经营类型划分与经营措施的制定——以大青山呼和浩特市部分为例 [J]. 林业科技通讯，2016(12)：66-73.

然协调，满足社会发展需求，由以树木为主体的植被及其所处的人文自然环境所构成的森林生态系统，是城市生态系统的重要组成部分；狭义上是指城市地域内的林木总和。也就是说，城市森林建设以城市为载体，以森林植被为主体，以城市绿化、美化和生态化为目的，森林景观与人文景观有机结合，改善城市生态环境，加快城市生态化进程，促进城市、城市居民及自然环境间的和谐共存，推动城市可持续发展[①]。

二、城市森林是构建和谐城市的重要内容

城市森林作为城市生态建设的主体，是构建和谐城市的重要内容，具有不可替代的重要作用。首先，城市森林建设在实现城市居民与自然和谐发展中发挥着重要作用，是与建设资源节约型、环境友好型社会的要求相一致的。伴随着高速的城市化进程，城市中的生态环境问题日益突出，空气质量下降，光、电、噪声等污染严重，水资源紧张，自然灾害频繁侵袭等，给城市的和谐发展制造了不和谐的因素。人们深刻认识到，发展城市森林，充分利用森林净化空气、涵养水源、保持水土、减少噪声、美化环境、调节气候、防灾减灾的特殊功能，是改善城市生态状况，促进人与自然和谐发展的重要途径。城市森林对提高城市居民健康水平有着不可估量的作用，是建设宜居城市的重要内容，也是改善投资环境、发展经济的重要条件。

其次，城市森林在实现城市的人与人、人与社会之间的和谐发展中发挥着重要作用。城市森林是城市中有生命的基础设施，它不仅从质量和数量上改变了城市冰冷的钢筋水泥外貌，满足了城市居民与自然亲近的渴望，而且改善和提高了城市居民的人居环境和生活质量，舒缓了人们在紧张工作和生活快节奏中形成的疲劳情绪。城市森林文化还是城市文化和城市生态文明的重要组成部分，它所包含的城市森林美学、园林文化、旅游文化等，对人们的审美意识、道德情操起到了潜移默化的作用，也使城市森林成为城市文化品位与文明素养的标志。事实证明，城市绿化和生态建设程度与人民群众的文化、体育、休闲活动的活跃程度紧密相关，良好的绿化设施可提升城市居民的生活质量。

再次，城市森林建设所倡导的城乡一体化发展，对加快建设社会主义新农村、促进构建和谐农村发挥着重要作用。城市森林建设要求将市区、市郊和农村纳入

---

① 李天珍.太原市城市森林建设浅析[J].山西林业科技,2021,50(2):59-60.

统一的大系统中一起谋划，共同建设。通过绿化宜林荒山、构筑农田林网、绿化村庄和发展庭院林业，可以实现村民家居环境、村庄环境、自然环境的和谐优美；通过倡导森林文化、弘扬生态文明，可以增强人民群众的生态道德意识，形成自觉植绿、护绿、爱绿、兴绿的新风尚；通过发展林业产业，可以实现农村生活宽裕，带动农民致富，从而有力地推动农村的绿化美化与和谐稳定。所以，加快城市森林建设已经成为构建和谐城市的必然要求。

三、城市森林促进人类健康

城市森林可以有效地促进人体健康，主要表现在两个方面。一方面，城市森林通过提供良好的生态环境服务功能，改善人类生存的自然环境和物质供给（如饮用水、大气质量等），进而促进人体健康；另一方面，城市森林通过对人体心理、生理特征和活动的影响，进而改善人体健康。

（一）提供良好的生态环境

从大量的气候观测和环境监测数据分析，一般将城市气候的特征归纳为"五岛"效应，"五岛"即为混浊岛、热岛、干岛、湿岛、雨岛。城市"五岛"效应对城市居民健康生存环境造成诸多负面影响。而城市森林主要通过以下几个方面，改善城市生态环境，促进居民健康。

固碳释氧：森林生态系统是维持大气中二氧化碳与氧气平衡的关键陆地生态系统，城市森林在城市碳氧平衡中发挥着十分重要的作用。

吸收紫外线：城市森林冠层可以有效吸收紫外线。

吸收大气中的有毒物质：城市森林植被与大气气体交换过程中通过气孔吸收部分大气中的有毒气体，经过光合作用或氧化还原过程形成有机物质或转变为无毒物质。

滞尘：城市森林对空气中的颗粒污染物有吸收、阻滞、过滤等作用。

减噪：城市森林减弱噪声的原理是树木枝密叶稠，声波碰到这些轻、柔、软的枝叶后大部分能量被植物吸收；树木枝叶多次吸收、反射的过程，最终使声波能量减少或消失。

杀菌：空气中的尘埃是细菌的载体，城市森林的滞尘效应可减少空气中的细菌总量，具有明显的杀菌作用。

保护水源地：净化水体与土壤中有害物质；城市森林可以吸收土壤中的重金

属、有害残留物等。

（二）城市森林的特定环境对人体心理、生理活动的影响

城市森林通过对光线、色彩、气味、形状、声音等方面形成的特定环境影响居民的心理活动，可以在以下三个方面对人体心理和生理健康起到良好的作用：在较短的时间内有效地缓减压力或心理疲劳；在疾病恢复期或慢性病调理期减轻病症；长期的行为效果将对人体健康状态有总体改善。

四、我国城市森林建设概况

1989年，中国林业科学研究院开始研究城市森林。1993～1994年，2次召开城市林业专题研讨会，并设立城市林业研究室，中国林学会成立了专门研究会，将"城镇绿化""城市林业""城郊森林"等名词统一为城市森林。随后把城市森林建设纳入了中国森林生态网络体系建设，从长春第一个森林城市的构建，到上海现代城市森林发展规划与实施，体现了中国城市森林建设蓬勃兴起的发展势头。

以上海为例，上海是人口密集、产业集中、资源匮乏的特大城市，环境和资源对上海城市发展的影响越来越大。为了提高整个城市生态系统的质量，实现可持续发展的战略目标，提升城市形象，迎接"上海世博会"的到来，上海在那期间大力发展城市绿化和开展城市森林建设，并取得了喜人成果。至2004年底，上海城市人均公共绿地面积达10 m^2，城市绿化覆盖率为36%，获得国家级园林城市称号[1]。此外，全长98 km、宽500 m的外环环城绿带的建设，郊区县的片林建设也取得了重大突破，2004年上海森林覆盖率达9.41%。

上海城市绿色生态建设由城区的绿化、新城的园林化，向整体生态层面的"森林化"方向发展。结合上海林、水体系现状和中心城公共绿地系统布局结构，上海城市森林以大型片林为核心，以森林廊道为脉络，形成"两环十六廊、三带十九片"空间布局结构。"两环"，是指在郊区环线两侧、外环线外侧形成500 m宽的道路林带；"十六廊"是指在十六条高速公路和主要河流两侧形成不同宽度的森林景观生态廊道；"三带"是指沿崇明岛、横沙岛—长兴岛、杭州湾形成1 000～1 500 m宽的沿海防护林带；"十九片"是指由面积在20 km²以上的19个大型骨干片林形成分布均衡、布局合理的生态景观片林[2]。

① 徐征.上海生态环境可持续发展战略研究 [D].上海：复旦大学，2006.
② 张式煜.上海城市绿地系统规划 [J].城市规划汇刊，2002(06):14-16+13-79.

第二章　林业生态环境建设

第一节　林业生态环境建设的作用

面对生态环境破坏日趋严重的形势，人们逐渐认识到，作为地球陆地生态系统主体的森林，在保护和建设生态平衡、保障工农业生产和人类生活方面的支柱作用和意义。林业生态环境建设已成为国土整治的一项核心内容，成为维护生物多样性、治山治水、保护和恢复生态环境的重要手段。

环境问题的实质是生态系统的退化和维护问题，全球环境战略的重点将是优先改善或解决与全球环境密切相关的森林环境问题。基于对环境保护的新认识，我国环境保护工作的重点应逐步由污染防治转移到整个生态环境的保护，应由城市综合整治扩展到整个国土范围的生态建设，以避免头痛医头、脚痛医脚的被动局面。

森林是陆地生态系统的主体和人类赖以生存的重要自然资源，是地球上功能最完善、结构最复杂、生物产量最大的生物库、基因库、碳储库和绿色水库，是维护生态平衡的重要调节器。林业生态环境建设是国家生态环境保护和国土整治的根本出路和首要任务，是实现农业高产稳产、水利设施长期发挥功效、减轻自然灾害的重要保障和有效途径。全国人大环境与资源保护委员会前主任委员曲格平指出"农业能不能实行良性循环，林业起着重要作用""治理沙漠、防止水土流失的最根本办法是植树造林"。林业部前部长徐有芳指出："从某种意义上说，治理贫穷根本在于治理环境，治理环境根本在于治山兴林"。发达的林业是国家富足、民族繁荣和社会文明的重要标志之一。林业生态环境的实质是森林对环境的影响，它不仅可以保护现有的生态系统，而且可以使已破坏的生态系统重建、更新和复壮。林业生态环境建设的目的就在于通过对森林生态系统的保护、恢复与重建，充分发挥森林的作用。

一、森林是解决全球生态环境危机的关键

（一）森林能提高大气质量

森林能有效地减缓温室效应。气候变暖主要是大气中温室气体（二氧化碳、甲烷、氧化亚氮等）的增加所致。科学家预测，当全球大气中二氧化碳增加到当前水平的两倍时，全球气温将上升 1.5℃~ 4.5℃。联合国政府间气候变化专门委员会（IPCC）于 2019 年 9 月发布报告称：如果温室气体减排不力，全球变暖导致全球冰库加快融化，21 世纪末海平面将上升 0.6 ~ 1.1 m……海平面上升将使全球2.8 亿人失去家园，上海、纽约等大城市将面临灾难性洪水。陆地生态系统碳贮量约达 5 600 亿~ 8 300 亿 t，其中 90% 的碳自然存贮于森林中。森林每生长 1 m³ 可固化 350 kg 二氧化碳[1]。热带林是生物圈中二氧化碳的有效储存库和调节器，其碳贮量占全球陆地碳贮量的 25%，但目前热带林破坏，导致固定二氧化碳减少[2]。

森林是主要的氧源。森林在其光合作用中能释放出大量的氧气。1 hm² 的阔叶林，一天消耗 1 t 二氧化碳释放 0.73 t 氧气，可供约 1 000 人一天呼吸[3]。

森林可减少臭氧层的耗损。臭氧层可保护地球上的生命免遭太阳的有害辐射。1985 年科学家发现南极上空出现大面积臭氧空洞。臭氧层的破坏主要是由于人类生产或毁林烧垦中产生的氮和氢的氧化物、硝酸盐、甲烷等在平流层中被光解或氧化后破坏臭氧分子。森林可以有效吸收二氧化氮，每公顷森林每年可吸收二氧化氮 0.3 万 t，森林对烧垦产生的气溶胶有强大的吸附能力。

森林可净化空气。森林对大气污染物有一定的吸收和净化作用。森林通过降低风速、吸附飘尘，减少了细菌的载体，从而使大气中细菌数量减少。许多树木的分泌物可以杀死细菌、真菌和原生生物。

森林有调节温度的功能。森林有繁茂的树冠，可以阻挡太阳辐射能，致使林内昼夜和冬夏温差小，并可减轻霜冻对森林的危害。

（二）森林可有效保护生物多样性

森林问题和生物多样性问题是一对相互关联的问题，森林消退是生物多样性面临的最大威胁。生物多样性是与人类社会可持续发展息息相关的最重要因子。

---

① 冯清霞 . 浅谈生态环境建设的好坏是森林培育的直接体现 [J]. 大科技：科技天地，2011(2):2.
② 卢寅轩 . 森林病虫害防治与林业生态环境建设 [J]. 农家参谋，2021(24): 157–158.
③ 李志强 . 浅谈森林对大气污染的净化作用 [J]. 农业开发与装备，2014(7):1.

据生物学家估计，现在地球上约有 8 万种植物可以供人类食用，目前仅利用了 3 000 多种，而人类所需的 95% 植物蛋白只来自其中的 30 种，50% 以上的植物蛋白仅来自 3 种——小麦、水稻、玉米。世界医药复合物中约有一半来自植物或从植物中提取的有效成分。人工繁殖饲养或种植的动植物，其生产力或抗病虫能力很大程度上依赖于它的野生或半野生、半人工的遗传基因资源。除此之外，野生生物在人类心理、文化和精神上的价值更是无法估计。

1. 森林与物种多样性

森林是物种多样性最丰富地区之一。据估计，地球上有 500 万~3 000 万种生物，其中一半以上在森林中栖息繁衍。由于森林破坏（年毁林面积达 1 800 万~2 000 万 hm²）、草原垦耕、过度放牧和侵占湿地等，导致了生态系统简化和退化，破坏了物种生存、进化和发展的生态环境，使物种和遗传资源失去了保障，造成生物多样性锐减。如果一片森林面积减少为原来的 10%，能继续在森林生存的物种将减少 50%。

2. 森林与生态系统多样性

森林占陆地面积的 1/3，其生物量约占整个陆地生态系统的 90%。在森林生态系统中，植物及其群落的种类、结构和环境具有多样性，也是动物种群多样性赖以存在的基础和保证。

3. 森林与遗传多样性

同一种群内两个体之间的基因组合没有完全一致的，灭绝一部分物种，就等于损失了成千上万个物种基因资源。森林生态系统多样性提供了物种多样化的生境，不仅具有丰富的遗传多样性，而且为物种进化和产生新种提供了基础。森林的破坏导致基因侵蚀，使得世界上物种单一性和易危性非常突出。

4. 森林对其他生态系统多样性的影响

森林的破坏导致生态环境恶化，特别是引起温室效应、水土流失、土地荒漠化、气候失调等问题，从而严重影响农田、草原、湿地等生态系统的生物多样性。

（三）森林可防止水土流失

水土流失是当今世界重大的环境问题之一，据统计全世界目前水土流失面积达 25 亿 hm²，占全球耕地、林地和草地面积总和的 29%。森林的枯枝落叶层不仅可以吸收 2~5 mm 的降水，而且可以保护土壤免遭降水的冲击。枯枝落叶层腐烂后，参与土壤团粒结构的形成，有效地增加了土壤的孔隙度，从而使森林土壤对降水有极强的吸收和渗透作用。树冠对森林土壤有双重作用，一方面可以减少降水到地面的高度和水量（林冠对降水的截流一般为 15%～30%），另一方面林冠截留的降水要积聚到一定程度才降落而且集中在一点上，使得水的破坏力增强但作用不大。森林中有大量的动物群落和微生物群落活动，林木根系也具有强大的固土和穿透作用，都能有效地增加土壤孔隙度和抗冲刷能力。森林土壤的稳渗速率一般都在 200 mm/h 以上，比世界上最高降雨强度 60 mm/h 还要大得多。森林土壤的渗透率大，所以森林地表一般不出现径流，水土流失量极少。

（四）森林可防止土地退化

全球地力衰退和养分亏缺的耕地面积为 29.9 亿 hm²，占陆地总面积的 23%。易遭受沼泽化土地面积 13 亿 hm²，占陆地总面积的 10%。在干旱和半干旱地区盐碱化土地面积约占 39%。土地退化已威胁到生物圈的未来，对人类的生存构成了威胁。纵观国内外的历史和现状，土地退化发生过程常常是毁林毁草垦地—耕地的不合理利用—土地生产力下降—最终弃耕。联合国环境规划署早就指出，砍伐森林是土地退化的最主要原因。

森林能在一定程度上减缓和防止土地退化，其原因有：由于林冠的阻挡，森林土壤表层的蒸发量很小，即使表层盐分含量高，也会因降水和林地渗透而淋溶进入地下水；森林利用根系吸收土壤深层水分以供树叶蒸腾，从而降低地下水位；森林生产力高，其生长过程需要吸收利用大量的盐分；森林有较强的自肥能力，还能防止水蚀、风蚀以及温差剧变。

（五）森林能缓解水资源危机

1972 年联合国人类环境会议指出：“石油危机之后，下一个危机是水。”1977年联合国水事会议又进一步强调：“水，不久将成为一个深刻的社会危机。”目前全世界已有 100 多个国家缺水，其中严重缺水的国家已达 40 多个，全球 60% 的陆地面积淡水资源不足，20 多亿人饮用水紧缺。2018 年相关数据显示，我国人均水资源量不足世界平均水平的 1/3，亩均水资源量也仅为世界的 1/2。水是生命之源，水资源危机是灾难性的，它不仅阻碍了经济发展，而且严重影响了人民生活和生存，甚至还成为邻国纠纷和诉诸武力的根源，是导致国际社会动荡的重要因素之一。

森林缓解水资源危机的作用表现在：森林是“绿色水库”，森林及其土壤像

"海绵"一样可吸收大量的降水，并减轻和阻止洪水灾害，增加枯水期的河水流量，增加有效水；森林可防止水土流失，维护江河湖库的蓄积能力，延长水利工程设施的寿命，减少无效水损失，并且还能有效地缓减水体盐碱化和富营养化；森林可以促进水分循环和影响大气环流，增加降水，起到"空中水库"的作用。林区云多、雾多、水多的现象就是最好例证。据相关测算，森林蒸腾的水汽有58%又降到陆地上，这可增加陆地降水量 21.6 mm，占陆地年均降水量的 2.9%。

（六）森林能消除或减轻噪声污染

噪声特别是城市噪声已严重危害人类的生活和身心健康。现在德国有 50% 的人口受到多种噪声的污染，我国区域环境噪声污染也十分严重。环境噪声是当下比较严重的物理性污染，虽然对于生态环境没有造成实质性的污染伤害，且不会对环境形成污染性的残留，但是对人类来讲却可以造成间接性的损害。

森林可有效地消除噪声，为人类生存提供一个宁静的环境。噪声经树叶各方不规则反射而使声波快速衰减，同时噪声波所引起的树叶微振也可消耗声能。森林还能优先吸收对人体危害最大的高频和低频噪声。据测定，100 m 树木防护林带可降低汽车噪声 30%，摩托车噪声 25%，电声噪声 23%。

二、森林是关系环境与经济可持续发展的纽带

以环境代价换取经济发展的不合理生产方式，造成了森林资源的大量破坏和消失，引发了一系列环境问题，形成了贫困—环境破坏—贫困的恶性循环。森林对地球上的生物界特别是人类的生存有至关重要的意义，其价值可分为生物学 – 生态学价值、经济价值和社会 – 精神价值。森林可持续发展是社会—经济—环境系统协调持续发展的基础和关键所在，林业以其保护性和生产性的特征，积极参与和协调社会—经济—环境大系统的循环。正如曾任联合国环境与发展大会秘书长莫里斯·斯特朗所指出的，在推动环境与经济领域一体化这件事情上，为协调国家利益和全球范围的环境保护利益方面取得一致意见，没有任何别的问题比林业更重要了。

（一）森林是可持续发展的物质基础

陆地四大生物生态系统——农田、湿地、森林和草原，支持着世界经济。除矿产原料外，它们为工业提供了几乎所有的原材料；除海产外，它们为人类提供

了几乎所有的食物。森林是陆地生态系统的主体，在四大生物生态系统中处于主导地位，并对农田、湿地和草原系统有着深刻的影响，在维护农田、湿地和草原的高产、优质、稳产上具有不可替代的作用。在可持续发展的社会中，广泛利用农林综合体进行生产，这样既可提供粮食、饲料和生物能源，又可增加土壤中的营养，防止土壤退化，保证稳定的粮食供给。

（二）森林是可持续发展的环境基础

可持续发展必须遵循生态平衡准则，要在经济—环境协调中求发展。森林是人类生存的自然环境基础之一，也是人类社会经济活动的物质基础之一。林业经营的环境效益是社会—经济—环境系统良性循环中不可缺少、取代不了的基本因素。社会经济发展必须以依赖森林生态系统为基础的环境发展，否则就是无源之水、无本之木。只有保护和发展森林资源才有真正促进可持续发展的意义。

（三）森林是生物能源的主体

未来的可持续发展的社会将不再以煤、石油和天然气为主要能源，而以太阳能和生物能为主要能源。目前世界各国在可持续发展的探索中，对生物能源的开发极为关注。森林是一种清洁能源，可固化大气中的二氧化碳，既可提供能源，又可控制温室效应。

2017 年世界森林日的主题是"森林与能源"。发展生物质能源特别是林业生物质能源，是缓解当前人类社会健康持续发展面临的能源巨大消耗、二氧化碳大量排放、生态状况持续恶化等危机的重要途径。森林中蕴藏的林业生物质能源，因其可再生性、绿色洁净、存量丰富、分布广泛以及二氧化碳零排放等诸多优点，已成为世界公认的既能改变能源资源供应结构，又利于保护环境和应对气候变化的战略选择。

森林是陆地生态系统中最大的碳库，在调节气候，缓解全球变暖中发挥着重要作用。2020 年底，全国森林面积 2.2 亿 hm^2，草原综合植被覆盖度达到 56.1%，湿地保护率达到 50% 以上，森林植被碳储备量 91.86 亿 t，"地球之肺"发挥了重要的碳汇价值[①]。2020 年 9 月，习近平总书记在第七十五届联合国大会一般性辩论上的讲话提出"碳达峰、碳中和"的目标愿景，彰显了中国的大国担当和庄严承诺，必然促进我国未来以能源结构优化、降碳减排为中心任务的经济发展战略

---

① 《植树造林，为世界增绿降碳》（人民日报海外版）

转型和生态文明建设布局。

三、森林维系着人类的前途和命运

森林孕育了人类的文明，森林文明是人类最早的文明形式，也是人类最基本和永恒的文明形式。人类文明发展中，森林文明将成为最重要的文明形式。虽然人类早已摆脱了采摘、狩猎的生活方式，对森林的直接依赖性有所降低，但对森林的整体依赖性并没有减少。因为人类社会的生存和发展与以森林为主体的生态环境息息相关，而且随着当代森林的大幅度减少，人类生存对森林的依赖性更加突出。没有了森林，人类社会将失去其最基本的生命维持系统，人类也就没有了未来。

第二节　林业生态环境建设的内涵与特点

一、林业生态环境建设的内涵

生态环境建设是指运用生态系统原理，根据不同层次、不同水平、不同规模的生态建设任务，模拟设计最优化的人工生态系统，按模型进行生产，以取得预期的最佳生态效益和经济效益。这种生态工程设计可广泛地用于自然资源利用、国土开发利用、城乡建设规划、农林业的集约经营、环境治理和环境建设工程等许多方面[①]。

林业生态环境建设是指从国土整治的全局和国家可持续发展的需要出发，以维护和再造良性生态环境以及维护生物多样性和具有代表性的自然景观为目的，在一个地域或跨越一个地域范围内，建设有重大意义的防护林体系、自然保护区和野生动植物保护工程等项目，并管护好现有的森林资源，如天然林保护工程。

（一）防护林体系建设

防护林体系建设是指根据自然条件和林业可持续发展的需要，以林木为主要手段，将有关林种及林、农、牧、水等有机结合成一个整体，以发挥最大的防护作用和综合效益，并充分合理利用土地，发挥土地最大生产潜力。其主要形式是

① 李小兵.林业生态环境保护与建设策略探究[J].南方农业,2020,14(36):51-52.

各种类型防护林相结合，防护林与用材林、薪炭林、经济林相结合；乔灌草相结合；工程造林、封山（沙）育林育草与保护天然森林植被相结合，形成片、网、带相结合的有机联系和浑然一体的人工生态系统。

从防护目的来看，防护林体系主要由防风林、固沙林、水源涵养林、水土保持林、农田防护林和环境保护林等几大类型组成。从综合效能来讲，防护林体系由一般生态型、生态经济型和经济生态型防护林组成。

一般生态型防护林是以发挥生态效益为主要目的，其主要类型有：①禁伐性水源涵养林；②禁伐性水土保护林；③自然保护林；④城市保护林；⑤风景林；⑥护路林；⑦护岸护堤林；⑧固沙林。

生态经济型防护林是以发挥生态效益为主，兼顾经济效益为目的，其主要类型有：①经营性水源涵养林；②经营性水土保持林；③坡地农田防护林；④平原农田防护林；⑤庭园林。

经济生态型防护林是以发挥经济效益为主，兼顾生态效益为目的，其主要类型包括：①用材林；②竹林；③经济林；④薪炭林。

（二）天然林保护工程

我国国有林区多分布在大江大河的源头或上中游地区，经过几十年的采伐，为国家提供了 10 亿 m^3 以上的木材。但成熟林和过熟林大面积减少，涵养水源、保持水土的功能大大减弱，给生态环境、工农业生产和人民生活造成巨大的损失。从 1981 年长江上游洪水，1991 年长江洪水，到 1998 年长江、松花江、嫩江洪水看，一次比一次造成的损失大，这是自然对我们的惩罚，也是我们应该吸取的历史教训。停止长江、黄河流域中上游天然林采伐；大力实施人工林营造工程；扩大和恢复草地植被；开展小流域治理，加大退耕还林和坡改梯力度；种植薪炭林，大力推广节能灶；依法开展森林植被保护工作与生态环境建设工程势在必行。1999 年 1 月 6 日，国务院公布实施《全国生态环境建设规划》，停止天然林采伐，保护天然林工程在我国正式启动。

天然林保护工程是一项复杂、庞大的系统工程，涉及面广，技术复杂，管理难度大。工程建设的总体思路是：保护、培育和恢复天然林，最大限度地发挥其以生态效益为中心、以森林的多功能为基础、以市场为导向，调整林区经济产业结构，培育新的经济增长点，促进林区资源环境与社会经济的协调发展。工程以长江上游（三峡库区为界）、黄河中上游（以小浪底库区为界）为重点，在工程管理上实行管理、承包与经营一体化；业务上以科学技术为支撑。本着先易后难的建设原则，根据国家和林区的经济条件，分期分批逐步实施。

我国有 25 个天然林区。天然原始林主要分布在大、小兴安岭与长白山一带，其次在四川省、云南省、新疆维吾尔自治区、青海省、甘肃省、湖北省、海南省、西藏自治区和台湾省也有一定面积的原始林。按照建设的总思路和原则，将25 个林区划分为 3 个大的保护类型。

大江源头山地、大河源头山地、丘陵的原始林和天然次生林。包括：①东北针叶、落叶阔叶林区；②云贵高原亚热带常绿阔叶林区；③南亚热带、热带季雨林、雨林区；④青藏高原的高山针叶林区；⑤蒙新针叶、落叶阔叶林区。

内陆、沿海、江河中下游的山地和丘陵区的天然次生林。包括：①暖温带落叶阔叶林区；②北亚热带落叶阔叶林带；③中南亚热带常绿阔叶林带；④闽、粤、桂沿海丘陵山地雨林和常绿阔叶林区与常绿阔叶和针叶林区；⑤阴山贺兰山针叶、落叶阔叶林区。

自然保护区、森林公园和风景名胜区的原始林和天然次生林。我国的自然保护区、森林公园和风景名胜区，大部分分布在河流上游，其原始林和天然次生林的保护，是天然林保护工程的重要组成部分。

（三）自然保护区与野生动植物保护工程

自然保护区与野生动植物保护工程是根据自然保护和生物多样性保护的需要，在全国范围内建立以保护天然森林生态系统和珍稀濒危野生动植物及其栖息地为主的保护网络。

自然保护区就是国家把森林、草原、湿地、荒漠、海洋等各种生态系统类型或自然历史遗迹等地划出一定的面积，并专门设置保护管理机构。建立自然保护区的目的在于：①自然保护区可提供衡量人类活动结果优劣的评价准则，为某些自然地域生态系统指出今后的合理发展途径，以便人类能按照需要而定向地控制其演化方向；②自然保护区是各种生态系统以及生物物种的天然储存库；③自然保护区是科学研究的天然实验室；④自然保护区是进行宣传教育的自然博物馆；⑤自然保护区具有潜在的旅游价值，在不破坏自然保护区和实行严格的管理条件下，可以有限制地开展旅游事业；⑥自然保护区可以保护天然植被及其组成的生态系统，维护基本生态过程和生命维护系统，是保存、维护和改善环境的重要实体。

野生动植物保护有就地保护（即自然保护区）、迁地保护和离体保护 3 种形式，其中就地保护是野生动植物保护的战略重点。

二、林业生态环境建设的特点

（一）综合性

林业生态环境建设是以协调和改善社会—经济—环境复合生态系统为根本目标，从人类生存和发展空间的环境整体优化出发，既要对生态环境进行弥合、治理、恢复和重建，还要顾及与复合生态系统相关的社会、经济因素的协调。它强调社会与经济、微观与宏观、部门与整体、区域与全球、自然科学与社会科学的有机结合和共同协作。

（二）先行性

在社会经济活动开展前，先预测可能出现的生态环境问题，同时分析现有环境状况对社会经济发展的限制和未来社会经济发展对环境的要求。工程建设要遵循以防为主、因害设防、超前治理的原则，充分利用森林的自我调节和再生产能力，促进区域生态系统的良性循环。

（三）主动性

林业生态环境建设追求的环境目标并不是原始的环境，而是与当代社会相适应的、符合当代人及后代人生活要求和生存需要的环境。人类主动按发展建设的需要，对生态系统的组成、结构和功能进行积极的调控、重组和再造，使生态系统实现良性演替，符合当代与未来人类的需要和价值趋向。

（四）协调性

林业生态环境建设必须为乡村经济发展、国家经济建设做出自身应有的贡献，必须保证生态、经济和社会多重效益的协调。没有健康的森林生态系统，就没有生物多样性的保障，也就没有良好的生态环境，同时也不可能得到木材和其他林业产品的持续生产。

第三节　林业生态环境建设现状

一、自然保护区和野生动植物保护工程建设现状

（一）自然保护区建设现状

自然资源和自然环境是人类赖以生存和促进社会发展的最基础的物质条件。建设自然保护区，对于维护生态平衡，保护生物多样性，开展科学研究和对外交流，促进经济发展和丰富人民物质文化生活，都具有十分重要的意义。[①]

根据 2018 年数据统计，中国共有 11 800 个自然保护区，其中国家级自然保护区 3 766 个，所有野生自然保护区的总面积约占地球总面积的 18%，高于世界平均水平。扎龙、向海、鄱阳湖、东洞庭湖、东寨港、青海湖等自然保护区被列入《国际重要湿地名录》。九寨沟、武夷山、张家界、庐山等自然保护区被联合国教科文组织列为世界自然遗产或自然与文化遗产。

自 1956 年中国建立第一个自然保护区以来，生态文明建设不断深入，党的十八大将生态文明正式纳入社会主义现代化建设，党的十九大以建立国家公园为主体的自然保护地体系列为重大改革任务。建立以国家公园为中心的自然保护地体系已成为中国自然保护的重要组成部分。国家对自然保护区的管理体制和模式进行了重大调整，自然保护区的利益、建设和发展进入了一个新时期。

到 2021 年，也正是联合国教科文组织"人与生物圈计划（MAB）"发起 50 周年。我国已有长白山、鼎湖山、卧龙、武夷山、梵净山、九寨沟、珠穆朗玛峰、五大连池和亚丁等 34 家自然保护地被联合国教科文组织批准为世界生物圈保护区；同时，共有 185 家自然保护地被中国 MAB 批准为中国生物圈保护区。两类生物圈保护区共同成为在我国实践人与生物圈理念的场所，我国已初步建成了全球最大的生物圈保护区国家网络。

（二）野生动植物保护工程建设现状

我国是世界上野生动植物种类最丰富的国家之一。多年来，我国持续加强对

[①] 王海帆.现代林业理论与管理[M].成都：电子科技大学出版社，2018.

野生动植物保护，取得明显成效。目前，全国珍贵濒危野生动植物种群数量总体稳中有升，90% 的陆地自然生态系统类型、65% 的高等植物群落、74% 的重点保护野生动植物物种得到有效保护，大熊猫、朱鹮、苏铁、木兰科植物等 100 余种珍贵濒危野生动植物种群数量得到恢复增长。

在国际上，我国发起并主导了共同打击野生动植物非法贸易的"眼镜蛇行动"，先后加入《生物多样性公约》《濒危野生动植物种国际贸易公约》，与 18 个国家的 22 个动物园开展大熊猫合作研究，旅居海外大熊猫及幼崽达 69 只。中国的野生动植物保护事业为全球生物多样性保护做出了贡献。

二、我国林业生态环境建设存在的问题和对策

（一）林业生态环境建设存在的问题

1. 防护林体系建设工程存在的问题

党的十一届三中全会以后，防护林的营造出现了新的形势，开始步入"体系建设"新的发展阶段。从形式设计向"因地制宜，因害设防"的科学设计发展；从营造单一树种与林种向多树种、乔灌草、多林种防护林体系的方向发展；从粗放经营向集约化方向发展；从单纯的行政管理向多种形式的责任方向发展；从一般化的指导向任期目标管理的方向发展。但目前各大防护林体系建设仍然存在一些问题。

有些地方对防护林体系建设的重要性和紧迫性认识不足，对防护林体系建设的长期性、艰巨性缺乏思想准备，没有使广大群众深刻认识到防护林系统建设的重要意义，因而一些地区出现没有将体系建设真正纳入国民经济发展和社会发展计划。建设工作不扎实，不系统，进度慢，法律保障难落实，缺乏有力的扶持政策和措施，未得到全民的共识和全社会的共同行动，毁林事件时有发生。

林业生态工程不仅是一项跨世纪的生态建设工程，而且建设区多是在自然条件非常严酷、经济不发达的"老、少、边、穷"地区。投入严重不足，国家投资少，补助标准偏低，与工程需求不相适应，影响工程进度和质量。随着工程进展，造林难度不断增加。同时，随着物价不断上涨，造林成本不断提高，资金缺口越来越大。

一些地区缺乏统一规划，综合治理的意识不强。防护林建设未与体系总体建设以及当地环境和相关产业综合考虑、规划，因而使之防护功能难以正常发挥。

没能做到宜林则林、宜农则农、宜水则水以及生物措施和工程措施相结合。

树种比例失调，树种单一，结构简单，稳定性差，易遭受病虫害危害，防护功能不能充分发挥；一些地方仍然存在着不合理的耕作方式、强度樵采和乱砍滥伐现象；一些地方林业基础薄弱，科技人员偏少。尚有部分（乡）镇没有林业站，或虽有林业站，但没有专业技术员，没有可靠的专项经费来源，形同虚设。

2. 自然保护区和野生动植物保护工程建设中存在的问题

尽管林业部门已在中国生物多样性保护上投入了大量的人力和财力，但自然保护区和野生动植物保护工程的建设中仍有很多不尽如人意的地方。自然保护区建设资金严重短缺，过低的资金投入，尤其是基本建设投资严重不足，使自然保护区的管护、科学研究以及处理与当地人民之间的矛盾的主要工作处于效率很低的水平。

相当多的自然保护区没有开展必要的科学研究和资源积累，资源本底不清，保护带有盲目性；自然保护区管理机构比较薄弱，管理质量普遍不高。自然保护区条件艰苦，对一般的科技和管理人才没有吸引力，导致人才缺乏；相当多保护区机构不健全，缺乏科学的管理计划和发展规划，管理仅停留在看护林子的水平上；保护区内土地所有权交叉，造成保护工作难以顺利开展；保护区内多有群众居住，与当地人民时常发生矛盾。

目前大多数自然保护区面积小，外围人类经济开发活动频繁，保护区缓冲地带逐渐缩小、形成孤岛，野生动物栖息生境难以保证；部门交叉管理，造成体制混乱；野生动物资源的保护和合理利用与工作脱节。

对在保护的基础上，如何发展并合理利用的方面做得不够。特别是对野生动物的驯养繁殖、产品的深加工、合理狩猎创汇等经济效益比较高的项目重视不够，没有能够形成一定的产业；野生动植物资源本底不清，科学研究薄弱。自中华人民共和国成立以来，在部分省（区、市）开展珍稀野生动植物资源调查，由于资源不清，变化难以掌握，使野生动植物保护、开发和利用存在盲目性；对珍稀濒危动植物的迁地保护，对一些小型兽类、鸟类等特别是非脊椎类保护动物重视不够，缺乏统一的迁地保护规划，尚未形成全国野生动植物物种迁地保护网络；虽然加入了一些国际组织，但参加的活动很少，合作项目不多，主动程度不够。

（二）对策

1. 树立生态经济思想

林业生态工程建设是牵涉到自然、经济和社会多方面的复杂系统工程，以单纯生态观点指导这些重大的生态工程建设是不可能取得成功的。实践表明，只有从生态经济系统的综合性、整体性和协调性出发，追求综合效益最佳，才能既促进生态环境的改善，又可促进经济的发展，达到生态经济的协调，实现可持续发展。林业生态工程建设既要考虑林业生态经济系统内部的协调，又要考虑有利于促进农业生态经济系统功能的提高以及区域生态经济系统的整体效益。我国各区域间以及某一区域内，生态经济地域差异显著，林业生态工程建设要体现因地制宜的原则，但这种因地制宜要服从大区域和全国生态经济总体最佳的原则。

2. 合理规划林业生态工程建设

林业生态工程建设的总目标是保护生态环境，维护生态平衡，保护生物多样性，实现国土综合整治，促进持续发展，参与全球生态环境保护。各区域林业生态工程建设必须服从全国的总体利益，在总体宏观规划调节下，区域林业生态工程间相互协作，既有分工又密切联系，形成"全国一盘棋"的合理布局，实现总体利益最优化、长远化。林业生态工程建设的布局和规划，必须建立在对区域有关生态和经济方面诸多因素进行综合评价的基础上。在具体工作中，首先要依据区域的实际情况，确定工程建设的总体规模、具体类型和空间格局；其次依据各地区条件，因地制宜，搞好最佳林种、树种结构配置，从而形成区域最佳工程格局。

3. 调动全社会力量建设林业生态工程

林业生态工程建设的成败关键在于广大群众。要积极搞好宣传，提高全社会对林业生态工程建设重要性的认识，加强林业建设方针、政策和措施的制定工作。

改善不适应的林业生产关系，做到"山有主、主有权、权有责、责有利"；坚持和完善"谁造谁有""合造共有""允许继承""允许折价转让"等林业政策，并且保证其连续性和稳定性，尊重承包者的经营自主权，保障他们的合法权益，使经营者特别是农民得到真正的实惠，放心大胆地实行兴林致富。实行以国有林和集体林业为主体，多种经济成分并存的政策，完善各种形式的责任制，通过联营分利、股份合作等多种形式，大力发展乡村林场和股份合作林场，兴办绿色企业、专业户造林、合作造林、联营造林及股份制林业。充分调动各行业各部门的积极性，按统一规划，协同共建的原则，实行"各负其责，各负其费，各受其益，限期完成"的政策，做到责、权、利相结合；实行"护、造、育、用"相结合，坚持多林种多功能的经营方向，林工商综合经营，给经营承包者真正的实惠。坚持和完善各级领导干部任期造林绿化、保护森林等目标责任制，层层落实造林绿化、自然保护区和野生动植物保护工程的建设任务，签订责任状，坚持领导办点，以点带面，一级带着一级干；严格执行检查评比和通报制度，制定和完善相应的法规，强化政府职能，坚持依法治林，确保工程建设稳定协调发展。对个体承包建设的防护林，实行国家按质收购的方式，一方面确保防护林的稳定，另一方面使个体经营者尽快获得效益，增加造林和护林的积极性。

4. 增加资金和技术投入

动员社会力量，广开渠道，建立林业生态工程建设基金制度，分级管理，专项使用，确保工程建设的资金投入：①增加国家对林业生态工程建设的投资比例，同时在工程建设区进行的农业综合开发、扶贫开发、农田和水利建设、环境保护项目中规定林业生态工程建设资金所占份额；②实行配套投资，在国家专项资金基础上各级财政应拿出一部分资金用于工程建设；③协同共建，在铁路公路两旁、江河两侧、湖泊水库周围，工矿区，机关、学校用地，部队营区以及农场、牧场、渔场经营地区，要由各主管部门根据当地人民政府的统一规划自筹资金，限期完成各自的造林任务；④实行长期无息贷款，鼓励群众投入造林，对既有生态效益，又有经济效益的用材林、经济林、薪炭林等，要合理确定有偿投入比例；⑤实行减缓免税的政策。

依靠科技兴林，是振兴我国林业的根本出路，也是搞好林业生态工程建设的基本保证。在工程投入上增加科技含量，把实用技术推广并纳入工程建设计划。要建立健全林业科技推广体系，稳定科技推广队伍，采取多种形式，认真抓好各层次的技术培训、科技信息传递和应用；采取优惠政策，鼓励科技人员投身生产第一线，努力提高科技兴林水平；组织多学科综合研究，组织实施林业生态工程建设技术研究的国家攻关项目，增强质量意识，坚持技术标准，强化技术管理；采用生态经济综合技术指标，指导工程实施并验收、考核工程建设成果。

5. 抓好林业生态工程建设中的配套工程建设

林业生态工程建设还必须抓住工程建设区的难点——经济上的贫困和粮食的不足，结合林业生态工程，全力地抓好改善农村经济和提高粮食产量的配套工程建设。配套工程主要包括两方面：温饱工程和致富工程。温饱工程（包括山地生态工程、农业生态工程等）主要解决粮食问题，其核心是如何提高现有耕地的生产力，使之产出更多的粮食。致富工程（包括乡镇企业、庭园经济等）主要解决农民经济收入低的问题，其核心是如何充分利用林产品和林副产品以及其他资源。投资少、见效快的温饱和致富工程，是改善农民经济生活的有效措施，同时也是整个林业生态工程建设的重要组成部分。随着农民经济收入水平的提高，可以减少对林木的砍伐和对野生动物的猎杀以及对自然保护区的破坏，进而使林业生态工程建设得以保护和发展。

6. 加强国际合作，积极争取外援

林业问题具有全球性和整体性。森林资源减少造成的水土流失、荒漠化、生物多样性丧失等生态环境问题，不仅是局部性灾害，也是全球性的灾害。许多捐助国和国际组织都把保护森林资源、防治荒漠化、维护生物多样性等与林业关系密切的领域作为优先领域，给予经济和技术援助。我国是全球森林资源增长最多和生物多样性保护工作面临严峻形势的国家之一，积极开展对外科技交流和经济合作，积极争取国外援助和优惠贷款，引进国外的先进技术和管理经验，认真做好引进项目的消化吸收，将对我国林业生态工程建设起到有力的推动作用。国家有关部门应进一步坚持扩大林业国际经济和技术合作，为改善我国和全球生态环境做出贡献。

第三章 林业生态工程项目管理

第一节 林业生态工程项目管理的程序

一、项目的基本概念

"项目"这个词，在我们日常工作和生活中并不少见，如建设项目、科研项目、技术推广项目等，它的基本含义是事物的分类。但在项目管理中"项目"一词则有着更为丰富的含义[①]。

首先，项目是一项投资活动，并要求规定期限内达到某项规定的目标。项目与投资是分不开的，没有投资就没有项目，但进行一个项目必须事先计划，使投资活动始终围绕一个既明确又具体的目标进行。

项目不是笼统的、抽象的，而是十分明确和具体的，有明确的界限和特定的目的。一个项目应当有一个特定的地理位置或明确集中的地区，这是空间界限；一个项目还应当有明确的建设起始年份和完成年限，并且有投资建设、建成投产、获益的顺序，这是时间界限。项目的一般目的是要形成新增固定资产，用以提高生产能力，但每一个具体项目都必须有特定的目标，只有规定了特定的目标才能构成项目。

其次，项目又是一种规范和系统的分析和管理方法，作为一个项目，应当合乎逻辑、现实可行、效益明显。为此，项目包含了一套规范的程式与科学的系统分析和管理方法，它们包括规划、可行性研究、初步设计、施工管理、竣工验收与后评价等内容。按照这种项目程式、方法确定的项目，将能保证有效地、节约地使用资金和达到预期效果，能避免出现因考虑不周，仓促制定、现场拼凑起来的项目，能排除效益不高或不好的项目。同时，这种程式和方法也为管理人员和计划人员提供了控制项目执行过程的良好准绳。

[①] 李铁.论我国林业生态工程项目管理完善[J].同行，2016(10)：123.

再次，项目是一个独立的整体，是便于计划、分析、筹资、管理和执行的单位。项目在提出了投资方案和预期目标、效益的同时，其本身就是一个实施单位。

目前，关于"什么是项目"还没有一个经典的定义。但一般，林业生态工程项目是指，运用一种规范的系统和方法所确定的在规定期限内达到特定目标（包括投资、政策措施、机构、技术设计等）的经济活动。

二、林业生态工程项目管理的意义

从总体上来讲，林业生态工程是一项投资大、见效慢，但效益好的系统工程。所需资金除国家投资、自筹资金和银行贷款外，还可以利用外资的形式。目前，我国能够用于林业生态工程建设的投资很有限。因此，必须用好这批资金，以少的投入换取更高的效益。

经济效果既是一切建设投资的出发点，也是它的归宿。从我国情况来看，也存在不注意经济效果的历史教训。有些项目由于决策依据不足、决策程序不严、决策方法不当，而导致决策失误，造成项目建设与实施后生产经营中的浪费，给国家带来很大的损失，这方面的教训很多也很深刻。

我国林业生态工程投资管理中，还存在许多问题。

第一，没有做好投资前的准备工作，盲目性大。投资决策和管理人员常常把主要精力放在制定广泛的计划上，而对投资项目的具体情况了解和分析很肤浅，结果是项目准备不完善，造成投资的低效益，甚至资金的浪费。

第二，分散使用资金。对于林业生态工程建设项目缺乏综合协调，在安排项目投资时，往往按单位部门或者按地方切块。这种分散使用，使得项目缺乏内在联系，重单项工程，轻综合治理；强调局部利益，忽视整体利益。因建设项目不能综合配套，难以形成综合生产力，甚至出现不少事与愿违的事例。

第三，缺乏科学的决策和管理程序。不少林业生态工程建设项目仓促上马，容易出现朝令夕改的情况；且审批、管理极不完善，往往是先拨款，后立项，只投入，不回收，不注意经济效益，甚至不了了之，造成人力、物力、财力的极大浪费。

第四，产出计划与投入措施"两张皮"。长期以来，我国林业生态工程建设侧重于生产指标计划，只提出具体的生产指标，至于如何保证指标的实现，只列出一些原则性、笼统的措施意见，没有定量的分析，更谈不上定位的安排，实际上是互不相关的"两张皮"。

历史经验表明，在一切失误中，决策失误是最大的损失。实行项目管理是实现项目决策科学化的必需途径。项目立项前得认真详细地进行可行性研究与评估，是减少决策盲目性、避免投资决策失误的关键环节。在项目实施的过程中，通过一系列必需的项目管理手段，将能保证项目按设计要求顺利进行，并取得预期的经济效果。因此，实行项目管理，无论是对投资宏观管理，还是对提高每一个投资项目的投资效益，都有十分重要的意义和作用。为了搞好林业生态工程建设，必须尽快使林业生态工程项目管理工作走向科学化、程序化和制度化，以保证建设项目选择得当，计划周密、准确，并保持项目管理工作的高效率。

三、林业生态工程项目管理的程序

列入国家和地方政府基本建设的项目，以项目为单位，按照国家基本建设程序，进行项目策划和项目前期准备工作，组织施工作业和进行竣工验收与后评价。建设项目施工实行招投标制，施工过程要分级、分阶段地进行技术质量监督，并由相应资质等级的专业中介机构对建设及竣工后验收项目的全过程进行监理与评估，为主管部门的验收和后评价提供依据。

（一）项目的前期准备

项目准备是最重要的项目阶段，通过一系列规范系统的分析，研究决策以保证林业生态建设资金用于最有效的地区、最佳的建设方案，达到预期的开发目标和最好的投资效果。各级项目机构必须高度重视项目准备工作，这是改变以往先拨款、后立项、不注重效益等弊端的强有力手段。

项目的前期准备工作有一套严格的程序：第一是提交林业生态工程项目规划；第二是项目规划经批准后，进行项目的可行性研究工作；第三是对项目的可行性研究报告进行论证评估，确认立项；第四是按批准的可行性报告和评估报告，进行初步论证，提出投资概算。

（二）项目的施工作业

林业生态工程建设项目完成作业设计并列入国家投资年度计划后，就进入项目实施（施工）阶段。项目实施必须严格按设计进行施工，加强施工管理，并在具体施工过程中采用科学、合理、先进的技术措施。

（三）竣工验收

竣工验收是在项目完成时全面考核项目建设成效的一项重要工作。做好竣工验收工作，对促进林业生态工程建设项目进一步发挥投资效果，总结建设经验有重要作用。竣工验收实际上是对项目的终期评价，是在项目实施结束后对项目的成绩、经验和教训进行的总结评价。

竣工验收一般由上级主管部门组织专家组对所完成项目逐项进行验收，验收的依据是批准的项目可行性研究报告、评估报告和作业设计文件。验收后应写出竣工验收报告，报告经批准后，表示该项的建设任务已完成，可转入运营阶段，交由有关部门去管理。

（四）后评价

在项目运营若干年后，还要对实际产生的结果进行事后评价，以确定项目目标是否真正达到，并从项目的失败经验中吸取教训，供将来进行类似项目时引以为戒。这种"后评价"，也可看作是项目阶段的延伸。

项目后评价一般按三个层次组织实施，即项目法人的自我评价、项目行业的评价、计划部门（或主要投资方）的评价。后评价工作必须遵循客观、公正、科学的原则，做到分析合理、评价公正。

其评价的主要内容包括：影响评价，对项目投产后，对各方的影响进行评价，重点是生态环境影响评价；经济效益评价，对项目投资、国民经济效益、财务效益、技术进步和规模效益、可行性研究深度等进行评价；过程评价，对项目立项、设计、施工管理、竣工投产、生产运营等全过程进行评价。

第二节　林业生态工程项目管理的内容

一、林业生态工程项目管理的对策

（一）大力宣传，提高思想认识

要加大宣传力度，加强人们对实施"六大工程"重大意义的认识。"六大工程"建设任务异常艰巨，方方面面要协同作战，形成合力，围绕"六大工程"这个核心应创造性地做好本职工作，为"六大工程"建设做出贡献[①]。

在建设中应树立生态经济思想，以单纯的生态观点指导重大的生态工程建设是不可能取得成功的。要加强生态建设由生产型向生产经营型转变，植树种草目的性要明确，造林工作前也要进行市场预测，这样才能既促进生态环境的改善，又能促进经济的发展，达到生态经济的协调，实现可持续发展。

（二）加强组织领导

目前，在工程管理上存在着部门职能交叉、管理体制不顺、职责不清、运转不太协调的问题。为确保工程的顺利实施，应当根据每个工程的特点，有针对性地强化机构建设，形成指挥畅通、职责明确、各司其职、运转协调、工作高效的管理系统。

要明确县长为行政领导责任人：对生态工程建设项目发生重大工程质量故，要追究县级领导责任。同时也应赋予行政副职相应的权利，避免挂虚名。

要明确县林业局等相关职能部门领导为技术责任人：林业局负责林业生态工程实施方案、规划设计的编制、审批，负责行业指导和工程管理，并对植树造林工程质量、种苗供应等承担具体工作责任。

要明确施工单位责任人：林业生态工程建设依靠大量群众投工投劳，需要乡镇政府的具体部署，因此生态工程施工单位责任人可以确定为乡镇长（书记）、村长（书记）、营造林公司法人等单位领导人。

要明确营造林管护责任人，并具体落实到乡村、山头地块、农户。

（三）科学经营，提高工程建设的技术管理水平

生态环境建设必须依靠科技进步，不断提高工程建设科技含量。要对现有科研成果进行项目筛选，把经过林业生产实践检验、先进适用、效益明显的科技成果集合起来，科学组装配套，确定适宜的应用地区，推行生产、计划、财务、科研四位一体转化机制，有计划、有组织、有措施地加以推广，从而提高工程的生态防护效益和综合效益质量。

1. 加强现有科技成果的组装、配套和推广应用

完善种苗培育系统建设：要针对各项工程的实际需要，进一步调整采种基地、良种基地的布局，提高工程建设的基地供种率和良种使用率。依法推广林木

---

① 姜宇泉.林业生态工程项目管理中相关问题的探讨[J].现代农村科技,2013(22):8-9.

良种，规范种苗市场管理，努力建设以国有苗圃为龙头、多种所有制育苗协调发展的苗木生产供应体系。

合理的林种布局：在工程建设中要合理调整林种，综合考虑生态效益、经济效益和解决农民的生计问题。从总体布局上讲，生态建设区主要是发展防护林，为确保发挥防护林效益，要切实解决群众生产生活的实际困难和要求，宜林则林、宜果则果、宜草则草，适宜种什么树就种什么树。具体布局上，如在江河源头和两侧、湖库周围、高山山顶、陡坡地带、石质山区、干旱地区及其他一切生态区位重要地域，要鼓励农民营造防护林、生态林；又如，在地势平缓的山腰、山底、远离江河的区域及其他不会形成水土流失的适宜地区，经过科学论证和规划，可以适当发展速生用材林、经济林；再如，在缺薪少柴地区或居民点附近，可以积极发展一些专用和兼用薪炭林，缓解农村烧柴对植被破坏的压力。

树种结构的多样化：各地应积极选育适生、抗病虫、水土保持能力强的乡土树种。同时，要从长远考虑，积极引进外来优良品种，通过试验和反复筛选后大力推广，以改善当地树种林种结构，最大地发挥生态防护效益。如黄河流域干旱地区，选择沙棘、山杏等乡土树种造林，既能起到固土、涵养水源的作用，又能有效地解决林牧矛盾，发展畜牧业和加工业，为农民开辟新的致富门路，实现生态、经济、社会三大效益的和谐统一。

稳步提高林业生态工程建设由单纯的生态型向生态经济型转变：随着用材林资源和林果资源的增加，应在保护好生态环境的前提下，有目的地发展林业资源的加工利用，以加工转化带动资源培育，促进生态工程建设。

2. 加大科技攻关力度

围绕工程建设中的难点问题，加大科技攻关力度，力争在一些重大关键技术方面有所突破。

3. 建立健全林业科技服务体系

加强对不同层次工程管理和工程技术人员的培训，提高工程建设者的素质。重点工程县要建立专家系统，林业科研部门要把主攻方向放在为工程建设服务的关键技术方面，加强协作攻关，力争有新的突破。要努力提高科研手段现代化水平，使科研更好地面向市场经济，面向林业生态工程建设，如抓好不同治理区林木种苗良种繁育。

4.建立生态工程统计、调度、信息系统

做好施工技术和管理档案建设，建立施工小班动态数据库，配备"三图"（即工程布局图、施工作业图、检查验收图）。要创造条件，配置工程管理必需的微机等设备，推进管理现代化，要建立健全林业生态工程效益监测网络和信息管理网络，掌握科学数据，为领导决策服务。要建立健全工程建设的统计报告制度、信息档案制度、经验交流制度，对项目施工进度、建设质量及资金使用等情况进行动态监控，并及时对各类信息进行汇总、分析，为工程科学管理提供依据。

（四）完善投资机制，强化资金管理

资金是林业生态工程建设的保证，要坚持实行林业基建资金管理办法。

适应社会主义市场经济体制的要求，对以生态效益为主要目标的林业生态工程建设，进一步加大中央的投入力度，建立起以中央投资为主体的投入机制，要确保中央投资、地方配套及时足额到位。

按照新修订的《中华人民共和国森林法》中相关规定，建立完善森林生态效益补偿制度，发动全社会力量加强生态环境建设，促进林业生态工程建设持续、快速、健康发展。

积极鼓励多种所有制形式、多种经营方式，建设林业生态工程。要完善"四荒"拍卖治理办法，允许打破行政区划界限，允许不同经济成分主体购买"四荒"使用权，限期治理，治理开发成果允许继承、转让。积极推行股份制及股份合作制等形式，参与工程建设，坚持"入股自愿、股权平等、风险共担、利益共享"的原则，打破所有制、部门、地区界限，开展股份合作造林。鼓励组建造林公司、造林专业队，开展跨区域承包治理。鼓励发展个体造林，要在政策、资金、技术、种苗、信息等方面，给予支持和帮助，依法保护造林者的合法权益。

（五）理顺管理体制，加强工程建设管理

1.完善质量管理体制

质量是工程的生命，要按照国家基本建设管理程序，建立健全相应的工程管理办法，完善工程检查、验收、审计制度，严格按规划立项、按项目管理、按设计施工、按标准验收；要严格实行工程管理的施工负责制，并逐步推行工程建设的项目法人制，严格实行工程监督的质量否决制，探索造林的工程监理制。

质量管理的重点，即必须抓住规划设计与种苗两项基础工作，检查验收与支

付费用两个重要环节；要严把工程立项、规划设计及上岗培训、现场施工指导、检查验收等各个环节。质量管理的基础工作，即因地制宜地规划设计林种、树种配置、封飞造比例，并做好种苗、草籽供应等基础工作。植树种草等生物措施要加大科技含量，并做好采用保水、抗旱造林育苗技术，提高成活率、保存率，确保年度检查合格，三年验收保存率达标。

工程管理：目前应严格执行"施工负责制"，并积极探索县级林业主管部门作为一般林业生态工程的"项目法人制"。项目法人对工程建设负全责，要建立项目法人代表在任和离任的审计制度，加强对项目的审计监督工作，根据工程竣工验收结果，对项目法人实行奖惩。凡成绩突出的，要给予表彰奖励；凡违纪违法的，要给予严肃处理。

工程监督：目前应严格执行"质量否决制"，即要加强工程技术与质量控制。从规划、设计开始，到选种、育苗、整地、造林、抚育等环节，实行全过程管理，加大检查验收力度，有一个环节质量不合格，就不能进入下一个环节。切实做到良种壮苗、适地适树、科学种植、合理密度、及时抚育，确保施工质量，造林竣工后，要在主要地段竖立明显界碑标志，加强社会监督。同时积极探索"工程监理制"。

财务管理：为加强资金的运行与管理，使资金及时、足额用于生态工程，应完善资金的管理体制，工程建设资金使用，应做到专户管理，专款专用，不得以任何名义挤占、挪用。各级林业主管部门，要将工程项目资金的使用管理情况逐级上报，接受上级部门的检查，接受审计部门的审计。资金下达与工程任务量必须挂钩，检查验收结果作为资金预算的唯一依据，无三联单，财务不能报销。应逐步改善目前采用的报账结算制，推行工程建设资金报账制，实行"报账制"管理。应根据工程项目建设的计划安排，先预拨部分工程建设启动资金，然后依照工程建设进度和质量，依次支付必要的资金，年度项目验收合格，结算项目资金。

2. 建立健全生态工程效益监测体系

特别要加强对敏感地区、水土流失严重地区、沙化扩展严重地区、自然灾害易发生地区的重点监测，及时掌握生态环境变化信息，进行超前预测和预防，对治理工作的成效做出客观的量化评价，为生态工程建设宏观决策提供科学依据。

3. 完善保护机制

要建设完善管护制度，改变过去只注重造林不注重管护的做法，加强对现有林必要的补植、抚育，加强栽植后的管护工作，建立管护制度，落实管护措施，明确管护责任，巩固建设成果。要合理开发利用现有资源，培植第三产业，达到以林养林的目的。

4.建立完善的政策和法律、法规及执法体系

要进一步完善各级地方领导干部造林绿化任期目标责任制；要按照"谁投资、谁经营、谁受益"的原则，积极推行个体及国有、集体单位、民营企业承包造林种草和林草植被管护；坚持"谁造谁有，合造共有"的政策，推行股份制及股份合作制等形式的造林种草；允许不同经济成分购买荒山、荒地、荒沙、荒滩等治理权，治理成果允许继承和转让；要加大执法力度，依据《森林法》《水土保持法》《草原法》等法律、法规，坚决制止乱砍滥伐森林资源、破坏植被和生态环境的违法犯罪行为，遏制"边治理，边破坏"的现象。

二、林业生态工程项目管理的施工管理

如果只重视项目的规划设计而忽略施工或缺少施工管理的科学性，则难以适应现代林业生态工程建设的实施要求。施工质量直接影响设计意图的实现，所以，必须紧抓这项环节。林业生态工程是十分复杂的工程，首先，项目设计人员应亲临现场根据实际情况同步变动、调整，实地修改设计方案，但不能违背规划设计的主要技术规范；其次，项目管理人员应安排好各个项目，在照顾工种特殊性的基础上，科学合理排列各项目工程时间表。因此，项目施工管理可以说是"第二现场设计"。

（一）施工管理程序

施工管理一般包括前期准备、组织计划编制、现场管理等程序，同时施工监理应贯穿整个施工过程。

（二）施工管理要点

1.签订施工合同

一般施工合同的内容主要包括有甲乙双方名称、工程名称、项目、内容、工程量、工作量、工程性质，其中工程量指实际尺寸量，而工作量指消耗工日或费用；明确承包方式，如包工包料、包工不包料等；明确工期要求，包括开工和竣工日期，工作日的期限等；定额采用的依据；共同遵守的付款方式；材料机具供

应办法；双方现场施工配合的分工职责；明确工程质量评比要求，工程监理办法；共同遵守的奖惩办法；有甲乙双方签字、联系人、负责人；合同数量，一般需八至十份，甲乙双方各半。

2. 施工总进度计划表的编制

其包括工作计划、生产计划，对单项工程也要有计划。经济指标的收支计划、年度的生产计划进度安排，常用图形方法来表示，一般有两类：条形图、统筹法。

条形图：将工作项目按时间的先后顺序排列，并注明工程量、工程时间、定额工时及主要技术指标等内容。

统筹法：是研究计划管理、创造关键线路的一种方法。通常用网格图或模型图来表示一项计划的各项工作或工程相互联系。

3. 施工监理

为确保工程施工符合工程设计，应加强施工监理，大型项目应由具有一定资质的工程监理公司进行监理，设计单位应有现场技术指导和监督人员；监理和现场技术人员应按施工设计的要求严把质量关，保证施工质量。

第三节　检查验收

一、一般要求

检查验收内容。工程年度计划任务完成情况；历年保存情况；检查验收实行县级自查、省级复查、国家核查三级检查验收方式[1]。

县级自查由县级林业主管部门组织专业技术人员完成。省级复查、国家核查分别由省级林业主管部门和国务院林业主管部门组织具有相应资质单位的专业技术人员完成。

被检查验收单位应如实提供工程规划材料、施工设计图（表）、卡及各级检查验收资料等。

---

[1] 李政龙. 林业生态工程研究与发展[M]. 长春：吉林大学出版社，2017.

二、造林种草合格标准和保存合格标准

人工植苗造林合格标准用造林成活率来反映。造林成活率是指造林后前三年单位面积成活株数与造林总株数（合理初植密度）之比。人工植苗造林成活率标准分三级，合格的列入当年造林完成任务；需补植的经补植验收合格后方可列入造林完成任务；不合格的不得列入造林完成任务。

人工植苗造林保存合格标准以株数保存率来反映。株数保存率是指造林三年后单位面积保存株数与造林总株数（合理初植密度）之比。保存合格标准为株数保存率 ≥ 80%（干旱、半干旱地区株数保存率 ≥ 65%）或郁闭度 ≥ 0.20。经济林保存合格标准为株数保存率 ≥ 85%。

人工直播造林三年内合格标准为株数 ≥ 3 000 株 /hm²，三年后幼树保存合格标准为株数 ≥ 2 400 株 /hm²。

飞播造林当年合格标准为株数 ≥ 3 000 株 /hm²，且有苗样方频度 ≥ 50%；北方 5 ~ 7 年、南方 3 ~ 5 年后幼树保存合格标准为株数 ≥ 1 050 株 /hm²。

人工种草 3 年内每平方米 20 株（丛）以上或覆盖度 ≥ 40% 为合格样方，合格样方率 ≥ 80% 的小班为当年种草合格小班。种草三年后覆盖度 ≥ 80% 的小班为种草保存合格小班。

三、县级检查验收

县级自查以小班为单位进行：对年度工程地块全面检查验收。

县级自查内容：①工程面积、成活率、覆盖度、合格率；②档案卡片的建立情况；③整地方式及规格、树草种选择及配置、种植密度、种苗质量、栽种时间、使用良种等与作业设计的一致情况；④生态林比例、混交林比例及经济林采取水保措施情况，工程管理、管护情况。

用大于等于 1 : 25 000 地形图逐个小班（地块）调绘或实测：量算小班（地块）面积，并把检查验收小班（地块）标绘在地形图上。

采用样地（样带或样方）对造林成活率和人工直播、飞播造林每公顷株数进行调查：采用样带时，样带宽度为 10 ~ 20 m，沿垂直等高线方向随机布设在所检查验收的小班（地块）内，样带长度根据样带调查面积比例及样带宽来确定；采用样方时，样方面积为 200 m²，样方数量根据调查面积比例来确定。

样地（样带或样方）调查面积比例为：小班（地块）面积在 10 hm² 以下时，

调查面积不少于造林面积的 3%；小班（地块）面积在 10～30 hm² 时，调查面积不少于造林面积的 2%；小班（地块）面积为 30 hm² 以上时，调查面积不少于造林面积的 1%。

根据样地内总造林株数及成活株数计算小班（地块）造林成活率（每穴株数多于一株时均按一株计算），如总造林株数低于合理初植株数时，总造林株数按合理初植株数计算。人工直播根据样地（样带或样方）内苗木株数推算小班（地块）的每亩苗木株数。飞播造林按各省制定的技术规定执行。

对人工种草的小班，随机布设 1 m×1 m 的样方调查覆盖度和平均草高：0.67 hm² 以下的小班（地块）调查样方数量不少于 30 个；0.67 hm² 以上的小班（地块）调查样方数量不少于 50 个。

建立数据库：将工程检查验收结果统计、汇总、制表，并录入计算机，建立数据库。在大于等于 1：25 000 地形图上绘制工程建设分布图，标明乡（镇）界、村界、小班界及乡（镇）名、村名、小班号，零星地块可按农户标注。

县级检查验收后及时向省级上报检查验收报告，并申请省级复查。检查验收报告应包括以下内容：①工程实施概况；②检查验收工作概况；③检查验收结果；分述造林种草完成面积、合格面积、合格率；分造林方式、林种、植被类型（乔、灌、草）、树草种的检查验收数据；管理指标数据；④分析评价，用实例和数据，分析评价退耕还林还草工程实施情况；⑤问题、对策及建议；⑥附表、图及数据库。

存档保管：将检查验收报告，外业调查图、表（含面积量算记录）、卡，数据库、统计汇总表等有关资料存档保管。

四、国家级、省级检查验收

（一）国家级、省级检查验收内容

工程规划、实施方案和施工作业设计文件等；整地方式及规格、树草种选择及配置、种植密度、种苗质量、栽种时间、使用良种等与作业设计的一致情况；年度工程核实面积、合格面积、成活率、覆盖度，以及历年造林的保存面积、保存率。

生态林比例、混交林比例及经济林采取水保措施情况；工程管理、管护情况；档案卡片的建立情况等。

（二）省级复查县和国家级核查县的抽取方法

省级复查县的抽取：在县级自查基础上，按年度工程任务完成情况和历年保存情况，分别随机抽取不少于全省30%的工程县作为复查县（年度完成情况复查县和历年保存情况复查县允许重复）。年度完成情况复查面积按不少于全省年度上报总面积的10%抽取，并计算出每个抽中县应复查的面积；历年保存情况复查面积，按不少于工程实施以来累计上报总面积的2%抽取，并计算出每个抽中县应复查的面积。

国家级核查县的抽取：在县级自查和省级复查的基础上，按年度工程任务完成情况和历年保存情况，分别随机抽取不少于全省20%的工程县作为核查县（年度完成情况核查县和历年保存情况核查县允许重复），其中国家级核查县应与省级复查县部分重复。年度完成情况核查面积按不少于全省年度上报总面积的5%抽取，并计算出每个抽中县应核查的面积；对历年保存情况的核查面积，按不少于全省工程实施以来累计上报总面积的1%抽取，并计算出每个抽中县应核查的面积。

（三）省级复查和国家级核查被检查乡的抽取方法

根据抽中县的年度完成情况和历年保存情况的应检查面积，按各乡上报的年度完成面积与历年完成面积之和，从小到大依次排列，构成一个闭合环，按规定的起始号和间隔号，分别抽取年度完成情况和历年保存情况被检查乡（两次抽取的起始号和间隔号相同），直至抽中的被检查乡累计面积与该县应检查面积大致相等（检查面积不得小于应检查面积的95%）。如抽取的检查面积与应检查面积相差过大，最后一个被检查乡可以用其他乡来代替，使累计检查面积最接近应检查面积。当重复抽取的轮次中再次抽到已抽中的乡时，则顺延改抽下一个乡。检查乡一旦被抽中，不得随意改动，如遇重大灾情或特殊情况需要改动的，应得到组织检查验收工作单位的同意。

（四）核实小班面积

将所有检查验收小班现地勾绘到大于或等于1:25 000地形图上，并利用全球定位系统（GPS）定位技术现地核对，在地形图上标出定位坐标。当现地勾绘的小班与施工设计图或验收图位置及形状基本一致时，认可原上报小班面积；当两者位置及形状有明显出入或小班（地块）没有施工设计图、验收图时，求算小班面积，如果现地调绘求算出的小班面积与其上报小班面积误差在允许范围内，则承认其上报小班面积，否则现地调绘求算出的小班面积即为其核实面积。

（五）造林成活率、人工直播和飞播造林每公顷株数、草覆盖度调查

与县级检查验收方法相同。株数保存率的调查参照造林成活率的调查方法进行。造林成活率、人工直播和飞播造林每公顷株数、草覆盖度与县级检查数据的误差在允许范围之内，则承认县级自查数据。

（六）数据整理

对外业调查卡片及时进行检查、整理，确保外业调查卡片项目填写齐全、规范。确认无误后建立检查验收小班数据库，用数据库系统管理。

（七）复核

复（核）查工作结束后，以省为单位形成成果，内容包括复（核）查工作报告和检查验收标准数据库文件。

复（核）查工作报告包括以下内容：①工程实施概况；②检查验收工作概况；③检查验收结果——分述核实面积、合格面积、合格率、保存面积、保存率，分造林方式、林种、植被类型（乔、灌、草）、树草种的检查验收数据；管理指标数据；④分析评价——用实例和数据，分析评价工程实施情况；⑤问题、对策及建议；⑥附表、数据库。

（八）上报

省级复查验收成果应及时上报并申请国家核查。国家核查后，及时汇总核查结果，形成核查总报告。

（九）归档

复（核）查验收报告、外业调查图、表、卡、数据库、统计汇总表等有关资料，应按技术档案管理规定立卷归档。

第四章　林业工程建设与天然林保护工程

第一节　天然林保护工程概述

党的十八大以来，习近平总书记对全面保护天然林多次作出重要指示，明确要求："要研究把天保工程范围扩大到全国，争取把所有天然林都保护起来。"

中国"天然林资源保护工程"自 1998 年开始试点，2000 年在全国 17 个省（区、市）全面启动，到 2010 年全面完成了一期工程任务，2011—2020 年实施完成了二期工程建设任务。经过 20 多年的保护培育，国家投入 5 000 多亿元，工程建设取得显著成效，近 20 亿亩天然林得到全面保护，累计完成公益林建设 3 亿亩、后备森林资源培育 1 651 万亩、森林抚育 2.73 亿亩。《全国天然林保护修复中长期规划（2021—2035 年）》已完成编制，将推动全国天然林全面持续保护。

中国"天然林资源保护工程"（简称"天然林保护工程"或"天保工程"）是世界上第一个，也是唯一一个以保护天然林为主的超级生态工程。天保工程的启动实施，是中国林业以木材生产为主向以生态建设为主转变的历史性标志。"天保工程"坚持把所有天然林都严格保护起来，把它作为维护国家生态安全的重要基础来抓，到 21 世纪中叶，努力实现天然林红线安全、质量显著提升。

一、天然林的概念与类型

人们通常将森林分为两大类：一类是人工林；另一类是天然林。森林生态学已阐明，由原生裸地上开始的植物群落，经过一系列原生演替阶段所形成的森林，称为原始林；在次生裸地上，经过一系列次生演替过程和阶段所形成的森林，称为次生林。这两类森林统称为天然林。按照森林的起源、演替的阶段、群落特征和所受的干扰程度不同，可将天然林划分为原始林、过伐林、派生林和次生林。其中，后三者均属于次生群落，但它们性质上有所不同，要注意区别[①]。

---

① 孙恒坤.我国天然林保护必要性及措施探讨 [J].新农业，2022(3)：32-33.

（一）原始林

植被由群落系统发生和内缘生态演替动力及群落的自动调节过程所形成。在不同的原始裸地上，经过自然趋同，形成地域性（或区域性）森林植被。原始林是长期受当地气候条件的影响，逐渐演替而形成最适合当地环境的植物群落。生物与生物之间、生物与环境之间达到和谐，构成了一个复杂的生态系统。

在同一原始林种群中，不同空间上的种群存在明显的差异，呈现出不同发育阶段的群体，这是原始林在年龄结构上的异龄性；原始林存在老的大径级的活立木和枯立木；原始林有腐朽程度不同的粗大倒木；具有多层次的林层结构；具有相应原始林的特有的灌木和草本植物以及丰富的物种成分;有松软深厚的地被物。这些特征都是原始林在各种自然因素干扰下长期演替和发展的结果，有自然的合理性。

（二）过伐林

过伐林是对原始林经过不合理的采伐之后残留的林分。它是介于原始林和次生天然林之间的一种类型。其林相特点是复层异龄，上层较稀疏，多为原生群落中过熟阔叶树及干形不良或多少已腐朽的针叶树，林下多具明显的更新层、演替层，原生群落中的主要树种有明显的恢复趋势，生境及林下植被基本与原始林相同。这些林分布于原始林的外围及次生林区的"后堵"（或沟脑），因而有些地区又称"远山次生林"。这类林分恢复到原生群落的类型最有保证而且最快。经营措施主要是进行林相整理，即伐去部分劣质林木（包括部分过熟、遗传品质差和严重病虫害木），尽快采伐利用上层的过熟木（同时具有解放更新层的作用），为目的树种及其他优良林木的生长和更新创造条件；抚育更新层和演替层，在更新不匀或更新数量不足的地方进行目的种树的补播补植，从而改善、提高现有林分的结构和质量。经过人工经营后的林分，仍应保持原有复层异龄混交林的结构不变，可以达到更健康、生产力更高和多种效益的可持续利用。

（三）派生林

派生林是在原始林区内，原生群落经人类活动和病虫害、火灾及其他自然灾害的影响，使原生群落受小面积的破坏（如小面积的采伐、开垦或火烧）后退化到次生裸地，短期内经过次生演替而复生的次生群落。其组成树种多为喜光、速生的树种。由于面积不大，周围仍有原生的群落存在，整个环境的变化不大，原生群落的主要树种的种源比较充足，地上很快为先锋树种所占据。这类林分稳定性低，先锋林分仅能维持一代就为原生群落的优势树种所更替，形成顶极群落。对于这类林分的经营措施为适度间伐其先锋树种，为下层的针叶树透光以及补播补植针叶树。

（四）次生林

次生林是原始林经受大面积的反复的破坏（不合理的采樵、火灾、垦殖、过度放牧等）后，在次生裸地上经次生演替而形成的次生群落。次生林的显著特征是经过大面积的反复破坏，引起原生群落的大面积消失，生态环境条件变化很大，生境旱化的趋势是普遍的。主要由那些传播能力强、有无性繁殖能力的、耐极端生境或具有抗火能力的树种组成的群落；稳定性低，种间竞争激烈，演替速度较快；树种组成丰富，种类繁多，生长速度快。但是，由于植被的强烈改组，形成群落的分化，原生群落的主要优势树种的种源缺乏，如不进行人工诱导，在相当长时期内不可能恢复成原生群落。由于次生林无论生物成分或是环境成分仍保存着原始林的某些特征，或受其影响，拥有一种恢复原生群落的内在潜力。

二、我国天然林现状与保护类型

（一）天然林资源的现状

我国现有天然林 29.66 亿亩，天然林蓄积量 136.7 亿 m^3，分别占全国森林面积的 64% 和森林蓄积量的 80%，在维护自然生态平衡和国土安全中处于无法替代的主体地位。2019 年修订，2020 年实施的《中华人民共和国森林法》第 32 条明确规定："国家实行天然林全面保护制度，严格限制天然林采伐，加强天然林管护能力建设，保护和修复天然林资源，逐步提高天然林生态功能。"

天保工程背景下，我国天然林资源其大体上可分 3 种状况：一是处于基本保护状态的天然林，以原始林为主；二是零散分布于全国各地的天然林；三是急需保护且集中连片分布于大江大河源头和重要山脉核心地带等重点地区的天然林。而这些天然林又主要分布在国有林区，基本上以天然次生林为主。这部分天然林资源对我国的经济建设和生态环境建设发挥着巨大作用。

由于长期的不科学、不合理开采，再加上林区人口的过快增加，木材经济结构的单一消耗，对天然林资源造成极大的破坏。天然林资源的自我调节能力、维护生态平衡和防御自然灾害能力下降。天然成过熟林面积的减少和次生林质量的下降，不仅使森工企业陷入了经济危困和森林资源危机的境地，也从根本上动摇了林业产业的基础，企业面临举步维艰的困难局面；而且森林的防护功能逐渐减弱，使我国较脆弱的生态环境进一步恶化，严重制约了国民经济和社会的可持续发展。因此，必须尽快把正在受到破坏的天然林资源保护起来。

（二）天然林保护的区域类型

我国的原始森林主要分布在大小兴安岭、长白山一带，其次是四川省、云南省山地、新疆维吾尔自治区、青海省、甘肃省、湖北省西部、海南省、西藏自治区、台湾省等地均有一定面积的原始林。按照工程建设的思路和建设原则，可将25个天然林区分为3个区域类型。

1. 大江、大河源头山地、丘陵的原始林和天然次生林

东北针叶、落叶阔叶林区。主要有大兴安岭针叶林区和东北部针叶、落叶阔叶林区。包括大小兴安岭、张广才岭、完达山及长白山等几个主要林区。这里是嫩江、松花江的主要水源涵养林，也是东北平原的生态屏障。

云贵高原亚热带常绿阔叶林区。主要包括贵州高原常绿栎类、松杉林区，云南高原常绿栎类、云南松林区，红河澜沧江中游常绿栎类、思茅松林区等三个林区，包括贵州高原和云南高原大部分地区，是长江、珠江的源头，水源涵养的主要区域。主要植被类型为常绿阔叶林，以壳斗科为主。如石栎及樟科的樟树、桢楠、润楠等。贵州高原有栽培杉木、马尾松。云南中部澜沧江中游及元江一带则以思茅松为主，云南松次之。

南亚热带、热带季雨林、雨林区。主要有滇南山地雨林和常绿阔叶林区，海南岛山地雨林和常绿阔叶林区。在滇南、滇西南部湿热河谷，海南岛中部山地沟谷、东部低山丘陵，有较典型的雨林分布，植被优势种不明显，层次不分明，有大藤本、板根、茎花、寄生植物及附生植物，上层以楠科、樟科、山龙眼科等几十个科组成，植物种十分丰富。这两个林区是我国主要的热带雨林，保护好这两个林区的天然林，对改善生态环境，保存物种具有其独特意义。

青藏高原的高山针叶林区。主要有甘南、川西藏东、川西滇西和藏东南四个高山针叶林区。主要包括：白龙江、洮河流域山地、四川岷江、大小金川、大渡河等流域的山地，云南金沙江、澜沧江、怒江上游山地，雅鲁藏布江峡谷地区及喜马拉雅山南麓部分地区。这一带山势陡峻，河谷深切，海拔 2 000 ~ 4 000 m，

相对高差大，常为 500 m 左右，主要为以冷杉属及云杉属为优势的暗针叶林，植被垂直分布明显。该地区是我国重要林区之一，其蓄积量仅次于东北林区居第二位，林地面积广阔、林地生产力高、树种丰富、材质优良，并且是中国几条大河的水源地区，森林对涵养水源、保护水土具有重要作用，且本区动植物资源丰富。

蒙新针叶、落叶阔叶林区。主要有：阿尔泰山针叶林区，天山针叶林区，祁连山针叶、落叶阔叶林。各林区的地理位置主要包括：阿尔泰山、阿拉套山、天山、昆仑山西段以及向东的祁连山。主要植被以云杉为主，林内灌木也比较单一。这三个林区是我国西北地区的水源涵养林，海拔多在 1 000 ~ 3 000 m，常年积雪，称之为西北的冰雪库。冬季积雪，夏季融化，是西北地区重要的水源区。保护好这三个林区的天然林，对涵养水源、保持水土、防风固沙、缓解西北地区干旱少雨具有重要意义。

2. 内陆、沿海、江河中下游山地、丘陵的天然次生林

暖温带落叶阔叶林带。主要有：辽东、胶东半岛丘陵松栎林区，冀北山地松栎林区，黄土高原山地丘陵松栎林区。本带的范围：秦岭、淮河以北的华北山地，黄土高原山地丘陵及辽东、胶东半岛山地丘陵的林区。主要有辽南的千山、冀北的燕山、晋冀的太行山、山东的鲁山、泰山、沂山、蒙山、山西的管涔山、吕梁山、太岳山、五台山、豫西的伏牛山、陕西的陇山、子午岭、黄龙山。这些地区主要是次生林，属低山丘陵，海拔多在 1 000 m 以上。保护和恢复次生林，对改善地区生态环境、涵养水源、保护水土、保护农业牧业生产，具有重要意义。

北亚热带常绿落叶阔叶林带。其中包括：秦巴山区落叶阔叶针叶林区，淮南长江中下游山区丘陵落叶阔叶针叶林区。本区主要包括，秦岭、淮河以南、长江中下游两侧山地丘陵，主要有秦岭、大巴山、武当山、神农架、桐柏山、大别山、天目山、黄山、庐山等地。主要植被以喜暖湿的落叶阔叶树为主，原始林已不多见，只在高海拔稍有残留。目前的次生林以马尾松为主，还有一些栎类。虽然大片森林不多见，但植物资源丰富，树种繁杂，有栽培马尾松和杉木的优势。保护和恢复这一地区的天然林，对涵养水源、保持水土，改善农牧业生产条件，改善人们的生活环境和发展旅游度假等具有极其重要的作用。

中南亚热带常绿阔叶林带。主要是：四川盆地丘壑山地常绿栎类松柏木林区，江南山地丘陵常绿栎类、松杉林区和浙闽南岭山地常绿栎类、松杉林区。主要地理范围：四川盆地及其周围山地、湖南、江西、浙江、福建等省及粤北、桂北的

山地。其中包括：武陵山、雪峰山、罗霄山、武夷山、南岭山地等。海拔一般在1 000 m 以下。主要植被类型为常绿阔叶林，以壳斗科为主，是我国马尾松和杉木的主要栽植地区。其原始林早已破坏，主要是天然次生林和人工林。

闽、粤、桂沿海丘陵山地雨林和常绿阔叶林区与常绿落叶和针叶林区。主要是闽、粤、桂沿海和台湾西南部。海拔多在 700 m 以下的丘陵，属于热带雨林，第一、二层为大落叶乔木，优质树种不明显，层次复杂，可见板根，茎化不及热带发达，林内藤本植物、附生、寄生植物种类和数量较少。在海湾淤积的黏质盐土上有红树林分布，自雷州半岛、海南一直分布到福建沿海。

阴山贺兰山针叶、落叶阔叶林区。主要包括贺兰山至阴山一带山地。天然林主要分布在贺兰山、大青山、乌拉山、狼山，以杂木林为主，主要树种有云杉、侧柏、杜松、桦、山杨、蒙古栎等。

3. 自然保护区、森林公园和风景名胜区的原始林和天然次生林

1949 年以来，在我国的原始林区和次生林区，建立了许多不同类型的自然保护区、森林公园和不同历史时期保留下来的风景名胜区，这是人们休息度假的场所、科研教学的课堂、生物物种的基因库、文化教育的阵地，这也是保护的重要对象。对其天然林，我们应该分期分批地将其列入工程规划，予以保护。

三、天然林保护的指导思想、目标和原则

（一）天然林保护工程实施的指导思想和目标

1. 指导思想

天然林保护工程以从根本上遏制生态环境恶化，保护生物多样性，促进社会、经济可持续发展为宗旨；以对天然林的重新分类和区划，调整森林资源经营方向，促进天然林资源的保护、培育和发展为措施，以维护和改善生态环境，满足社会和国民经济发展对林产品的需求为根本目的。对划入重点生态公益林的森林实行严格管护，坚决停止采伐，对划入一般生态公益林的森林，大幅度调减森林采伐量；加大森林资源保护力度，大力开展营造林建设；加强多资源综合开发利用，调整和优化林区经济结构；以改革为动力，用新思路、新办法，广辟就业门路，妥善分流安置富余人员，解决职工生活问题；进一步发挥森林的生态屏障作用，保障国民经济和社会的可持续发展。

2. 目标

2000 年前，以调减天然林木材产量、加强生态公益林建设与保护、妥善安置和分流富余人员等为主要实施内容。全面停止长江、黄河中上游地区划定的生态公益林的森林采伐；调减东北、内蒙古国有林区天然林资源的采伐量，严格控制木材消耗，杜绝超限额采伐。通过森林管护、造林和转产项目建设，安置因木材减产形成的富余人员，将离退休人员全部纳入省级养老保险社会统筹，使现有天然林资源初步得到保护和恢复，缓解生态环境恶化趋势。

以上目标现已基本完成。

2010 年前，以生态公益林建设与保护、建设转产项目、培育后备资源、提高木材供给能力、恢复和发展经济为主要实施内容。基本实现木材生产以采伐利用天然林为主向经营利用人工林方向的转变，人口、环境、资源之间的矛盾基本得到缓解。

计划到 2050 年，天然林资源得到根本恢复，基本实现木材生产以利用人工林为主，林区建立起比较完备的林业生态体系和合理的林业产业体系，充分发挥林业在国民经济和社会可持续发展中的重要作用。

（二）天然林保护工程实施的基本原则

天然林保护工程是一项庞大的、复杂的社会性系统工程。工程的实施要坚持以下原则。

1. 量力而行原则

天然林保护工程的实施需要大量的财力和物力作保证，要根据我国国民经济发展状况和中央的财力来安排工程的进度和范围，并且各项基本工作要跟上工程进度，如种苗基地建设要跟上营林造林建设任务等。否则，就会因为资金不足或基础工作跟不上而影响整个工程进度和质量。各实施单位因木材停产或大幅度减产，使大批伐木工人成为富余人员，需要转产安置，并且对依靠木材生产经营作为财政收入主要来源的单位造成危机，使原本就负债累累的企业雪上加霜，所以各实施单位也要根据实际情况，量力而行。

2. 突出重点原则

要把那些生态比较脆弱、天然林又相对集中，且正在受到破坏，对区域环境、经济和社会可持续发展具有重大影响的地区，作为工程的重点。这样，首先就要对我国大江大河源头、库湖周围、水系干支流两侧及主要山脉脊部等地区实施重点保护。先期启动的省（区、市）有位于长江、黄河中上游的云南省、贵州省、四川省和重庆市，东北地区、内蒙古自治区主要国有林区以及典型热带林的海南省林区。突出重点还体现在打破了现有行政区界限，以水系和山脉为重点单元。对集中连片，形成适度规模，便于集中管护和治理的地区，实施重点突破，整体推进。建立重点试验示范区，探索有效途径，积累实践经验，研究理论问题，推广实用科学技术。

3. 事权划分原则

事权划分就是指按照现行财政体制，根据实施主体的隶属关系和行业性质进行划分，主要体现在投资和相关配套政策上中央与地方的关系。工程实施的主体有下面 3 种类型：①实施主体隶属于地方，如南方许多工程县，投资和配套相关政策主要以地方为主；②实施主体隶属于中央，但利税等归地方，如东北地区、内蒙古自治区国有森工企业局，投资和相关配套政策上由中央和地方共同负责；③实施主体直属于中央，如大兴安岭森工集团，投资和相关配套政策上由中央全部负责。

4. 工程实施地方负全责原则

国家林业主管部门受国务院委托，行使中央的监管权力，负责工程实施的指导、检查、监督、协调和调控。指导就是根据国家的大政方针，对工程实施的有关原则、政策、法规、办法、规程等进行指示和指点，并加以引导，从而保证工程健康顺利地进行；检查就是依据相关政策、法规和一定的办法、标准对工程实施任务完成的数量、质量和资金的使用等有关问题进行核查，及时纠正工程实施中出现的问题，总结成功经验，及时推广；监督就是对工程实施进行察看和督促，保证工程按照规划和统一部署要求实施；协调就是使工程实施单位与中央要求配合得当，促进工程上下一致，全面推进；调控就是根据工程实施的情况，从政策、资金和项目上对工程实施单位进行调节控制，引导工程实施的重点和规范工程实施行为。国家林业主管部门作为工程实施的领导主体负有领导责任。地方负责工程的具体组织实施，包括工程实施的规划、任务的落实和完成、资金项目的管理等，地方工作的态度、方式、方法等直接影响到工程实施的效果。因此，地方作为工程实施的责任主体，应对工程的实施负全部责任。

5. 森工企业由采伐森林向营造林转移原则

国有林区的开发建设是与国家建设和国民经济的发展紧密联系在一起的。森工企业的建立担负着满足国家建设对木材需要的重任。由于当时的国民经济建设的需要和对森林生态功能认识不足，多年来森工企业一直以森林采伐为主。天然林保护工程的实施，使企业失去了劳动对象，因此要转变企业的经营思想，充分发挥森林的多种效益，由采伐森林向营造林转变，企业职工工作大多数由采伐转向森林管护与营造林。

第二节　生态公益林保护与经营技术

一、封山育林

封山育林是以封禁为基本手段，封禁、抚育与管理相结合，利用林木天然下种的更新能力，促进新林形成。它还是一种用工少、成本低、见效快、效益高的卓越政策。著名的森林生态学专家、森林经营学专家陈大珂称"实行封山育林的林业政策，是我国林业史上的一大成就"[①]。

封山育林在我国有悠久的历史，如以往各地群众封禁的"风水山"或"龙山"，包括在村后封禁的"靠山"，在村前封禁的"照山"，在坟地封禁的"坟山"，以及在寺庙周围封禁的山场等。由于乡规民约的约束，群众在封禁范围内，不樵采、放牧，不随便用火，不开垦种庄稼，不砍伐树木，不采石取土。用这种办法培育的森林，给当地社会收获了多种效益。1949 年以来，党和人民政府对封山育林工作非常重视，封山育林成为扩大森林资源的重要手段之一。其间虽有波折，但仍取得了很大的成就，封山育林面积也在逐年扩大。

（一）封山育林的独特作用

封山育林在林业生态工程建设中具有独特的作用，主要体现在 3 个方面。

1. 封山育林见效快

一般说，具有封育条件的地方，经过封禁培育，南方各地少则 3~5 年，多则 8~10 年；北方和西南高山地区 10~15 年，就可以郁闭成林。不少封育起来的林分，单位面积的木材年平均生长量和总蓄积量，都可以达到一般人工林的水平。特别是在保留物种资源，以及发展尚未掌握繁殖技术的珍稀树种方面，更是

---

① 蔡伟君.生态公益林保护管理与建设研究 [J].中国林业产业，2021(10)：46-47.

人工造林难以做到的。

2. 能形成混交林，发挥多种生态效益

通过封禁培育起来的森林，多为乔灌草结合的混交复层林分，有大量的枯枝落叶，能改善立地条件，形成良好的森林环境，给林木的生长发育打下良好的基础。在保持水土、涵养水源、改善气候环境，促进农牧业生产发展，增加群众经济收入等方面，都具有更为明显的作用。另外，由于林分结构好，适于鸟类、昆虫和多种生物的栖息、繁衍，使林中各种生物之间的食物链处于相对平衡状态，森林害虫和天敌之间形成了相对的制约力，从而不会发生毁灭性的森林虫害。

3. 封山育林投入少、收益大

相比于人工造林，封山育林的应用成本更低，甚至只占前者的1/10。在资金、人力短缺的山区中，封山育林是实现绿化增速的绝佳方法。而且封育形成的混交林，能生产多种林副产品，有利于开展多种经营，增加群众收益。

总之，开展封山育林好处很多，是一种最经济有效的扩大森林资源的措施。不断总结经验，长期坚持下去，必将在林业生态建设上发挥更大的作用。

（二）封山育林的技术措施

封山育林技术包括封禁、培育两个方面。所谓封禁，就是建立行政管理与经营管理相结合的封禁制度，分别采用全封、半封和轮封，为林木的生长繁殖创造休养生息的条件。所谓培育，一是利用森林本身具有的自然繁殖能力，通过人为管理改善生态环境，促其生长发育；二是通过人为的必要措施，即封育初期在林间空地进行补种、补植，中期进行抚育、修枝、间伐、伐除非目的树种的改造工作等，不断提高林分质量。

1. 封禁方式及适用条件

根据不同的目的和条件，封禁方式可分为以下几种。

全封。又叫死封，就是在封育初期禁止一切不利于林木生长繁育的人为活动，如禁止烧山、开垦、放牧、砍柴、割草等。封禁期限可根据成林年限加以确定，一般3~5年，有的可达8~10年。为了不影响林内幼树生长和群众获取"四料（木料、饲料、燃料、肥料）"，可隔3~4年割1次灌草（或割灌不割草）。全封方式适用于：①裸岩（包括母质外露部分）在30%以上山地，这类山坡土层瘠薄，水土流失严重，造林整地较难，生物量很少，目前宜全封养草种草；②坡度在35°以上的陡坡地，由于坡陡，造林整地困难，一旦封禁不严，植被遭到破坏，就难恢复；③土层厚度在 30 cm 以下的瘠薄山地，这类山地急需死封死禁，迅速恢复植被，以达到减轻或制止水土流失的目的；④新近采伐迹地，有残留母树，可以飞籽繁殖；或有一定数量的幼树；这类地区只要死封起来，大部分都能迅速成林，如果采取半封，就会损坏幼树；⑤分布有种源稀少或经济价值高的树种或药用植物的山地；⑥邻近河道、水库周围的山坡，为了减少泥沙流入，实行全封；⑦国家和地方政府划定封禁防护林、保护区或风景林等。

半封。又叫活封，有按季节封和按树种封两种。按季节封就是禁封期内，在不影响森林植被恢复的前提下，可在一定季节（一般为植物停止生长的休眠期）开山，组织群众有计划地上山放牧、割草、打柴和开展多种经营；按树种封，也就是一般所谓的"砍柴"或"割灌割草留树法"，把长势良好，利于成林的树种都留下来，常年都允许人们进山打柴、割草。这种方式适用于有封山育林习惯地区封禁培育用材林或薪炭林。缺乏封山传统习惯地区的封禁范围，除上述应全封的地方，都可以实行半封。但要防止仅留针叶树，消灭阔叶树，诸如此类导致树种单一化、针叶化的做法。

在确定全封和半封时，为了以后管理方便，应把整条沟或大沟的一面坡，甚至连片集中几条沟划为一种封禁类型。如片内地段多数属于全封类型，则整片则要按全封禁对待。

轮封。将整个封育区划片分段，实行轮流封育。在不影响育林和水土保持的前提下，划出一定范围暂时供群众樵采、放牧等，其余地区实行全封或半封。通过轮封，使整个封育区都达到植被恢复的目的。这种办法能较好地照顾和解决群众目前生产和生活上的实际需要，特别适于封育薪炭林。

2. 培育措施

封山育林同人工造林一样，需要加强封禁后的培育。大体可以分为林木郁闭前和郁闭后两个阶段进行。郁闭前主要是为天然下种和萌芽、萌条创造适宜的土壤、光照条件，具体方法有：间苗、定株、整地松土、补播、补植等。郁闭后主要是促进林木速生丰产，具体方法有平茬、修枝、间伐等。

此外，封山育林培育起来的林木，绝大部分是混交复层林，有利于减免森林病虫的危害。但是，由于有些林木病虫的发生发展比较隐蔽，不易被人们发觉，一旦成灾，造成的损失也是很大的。如落叶松的早期落叶病，被害林木一般年生长量要比健康林木减少 30% 左右。因此，还须采取有效措施，加强病虫害的防治。要认真贯彻"预防为主"的方针，因地制宜地推广和采用先进的科学技术，把森林病虫害降到最低程度。

（三）封山育林的技术管理

1. 检查验收

为了达到封育一片，成林一片，收效一片。每年秋末冬初，当地林业部门应组织力量，按照封山育林计划和承包合同，对当年计划完成情况和按封育期限达到封育成林成效的面积进行检查验收，并写出报告，逐级上报备查。

封山育林计划完成情况检查。检查内容包括：封山育林的封育范围、四周面积、类型、林种；树种、林草生长情况，组织机构、承包合同，护林队伍、乡规民约，林木保护和管护设施等方面的完成情况。检查中发现的问题，要责成有关单位或个人及时予以纠正或解决。

2. 封山育林成林成效面积检查

按封山育林计划完成年限，对封山育林成林成效面积进行验收。对已郁闭成林符合标准的，按有关规定，计算为有林面积，列入森林资源档案。

3. 封山育林成林成效标准

遵照国家和地方相关标准和规定等，现行国家标准为《封山（沙）育林技术规程》（GB/T 15163—2018）。

4. 固定标准地观测记录

为了积累资料，检验成效，探索规律，应在封禁区内设置固定标准地，观测植被强度及生长情况。观测项目包括：树种及植被类型、树种平均高、地径或胸径、密度、郁闭度以及其他环境因子的变化。标准地设置的数量应根据封禁区及其不同类型的面积大小确定。

二、次生林经营

（一）抚育间伐

对次生林进行抚育间伐，就是要通过控制林木的质量，来改变整个森林生态系统的循环过程及其速度，使其朝着有利于人类的方向发展。抚育间伐的目的，是调节林分结构，改善林分环境，使林木能获得一定的营养和光照条件，促进林木生长，提高林分的生物产量，发挥森林的涵养水源、保持水土等多种生态效益。

同时，还可以获得一定数量的木材。合理地抚育间伐，可提高林分抗性，使整个森林生态系统形成良性循环。

1. 抚育间伐的方法与对象

抚育间伐方法。通常有透光伐、除伐、疏伐和生长伐。前两者为透光抚育；后两者为生长抚育。透光抚育主要是在林木株间有目的地割灌和除草，或在杂木林中伐掉一部分非目的树种，以改善目的树种的光照与营养条件；生长抚育主要是对林木伐劣保优，人为稀疏，促进优良林木的生长，增加林分的生长率、生物量和蓄积量。生长抚育对纯林主要是采用下层抚育法；对下层林冠中目的树种较多的复层林采用上层抚育法；对杂木林采用综合抚育法。

对于划为水源涵养林的次生林，主要是改善林分结构与卫生状况，增强森林的防护效能与林分的稳定性。抚育间伐一般只进行卫生伐。

抚育间伐的对象。主要包括：①优势树种或目的树种生长良好，林分郁闭度在 0.7 以上的幼、壮、中龄林；②林分下层珍贵幼树较多，而且分布均匀的林分；③林分经改造后，需要对目的树种进行透光抚育的林分；④遭受病、虫、火等灾害，急需进行卫生伐的林分。

2. 抚育间伐注意的问题

合理确定间伐木：间伐木的确定，既要考虑有利于当前主要树种的成长，又要考虑次生林的演替规律，一般是根据抚育方法来确定间伐木。总的原则是保留目的树种和优势树种，伐劣留优，伐密留稀。

确定抚育间伐的起始年龄：一般在林分出现明显分化时，开始间伐，宜早不宜晚。

确定抚育间伐的强度与间隔期：应按照"强度大、次数少，强度小、次数多"的原则确定，间伐强度不应超过间隔期的生长量，强度一般为 20%～30%，间隔期 5～6 年。生长速度快，强度大，间隔期短；生长速度慢，强度小，间隔期长。

有特种经济价值的林分：如集中成片的漆树、板栗、栓皮栎、核桃楸等，应按经济林的经营要求及立地条件，先确定培育林分的密度，伐除非目的树种和无培养前途的树种，留下相应密度的目的树种。水源涵养林：主要是进行卫生伐，伐去病腐木、严重虫害（树干害虫）木、过密处的林木和影响保留木生长的上层林木等。尽量保留涵养水源、保持水土、改良土壤效能好的乔灌木，使其形成乔灌草多层次、多树种的混交林。

抚育间伐的季节：一般全年都可进行，但以冬、春树木休眠期为好；保证抚育间伐质量。

（二）次生林的林分改造

次生林的林分改造，是次生林经营的重要内容。改造的对象是劣质或低价值林分，目的是调整树种组成与林分结构，增大林分密度，提高林分的生物产量、质量和经济价值。改造过程中必须注意保护森林生态环境，充分发挥林地的生产力以及原有林木的生产潜力，特别要保留好有培育前途的林木，以及可天然下种更新的目的树种。对于划为水源涵养林的次生林，应尽量使保留林木形成良好的混交林。次生林的林分改造必须严格掌握尺度，不能对有培育前途的林分进行改造。

1. 林分改造的对象

次生林林分改造的对象，应根据国家有关标准确定，一般包括：①多代萌生、无培育前途的低价值灌丛；②郁闭度在 0.3 以下，无培育价值的疏林地；③经过多次破坏性采伐，天然更新不良的残败林；④生长衰退、无培育前途的多代萌生林、速生树种在中龄林阶段年生长量低于 2 m^3/hm^2 与中慢生树种低于 1 m^3/hm^2 的低产林；⑤由经济价值低劣树种组成的用材林；⑥遭受严重火灾及病虫危害的残败林分。

2. 林分改造的方法

林分改造一般以局部砍除下木和稀疏上层无培育前途的林木为主。在针阔混交林适生地带，尽可能把有条件的林分诱导为针阔混交林。划为水源涵养林的次生林，禁止采取全面清除植被。在坡度平缓、水土流失轻微的地方，可适当考虑全面清除后实施人工造林。具体方法应根据各地林分状况与经济确定。在有可能天然更新为较好林分的地段，或劳力紧张而优良木较多的低产林，也可采取封山育林办法，而不急于改造。只要按照森林自然演替的客观规律，选择正确的林分改造方法，都能形成生产力高的稳定林分，取得良好效果。

全部伐除，人工造林。对于林相残败、生长极差、无培养前途的林分，伐除全部林木（目的树种的幼树保留），然后在采伐迹地上重新实施人工造林，目的在于彻底改变树种组成和整个林分状况。根据改造面积大小，可分为全面改造和块状改造。全面改造的最大面积一般不超过 10 hm^2；块状改造的面积应控制在 5 hm^2 以下，呈品字形排列，块间应保持适当距离，待改造区新造幼林开始郁闭时，再改造保留区。此方法一般适用于地势平坦或植被恢复快，不易引起水土流失的地方；在水源区和坡度较大，易发生水土流失的地区，此法禁止采用。

清理活地被物，进行林冠下造林。先清除稀疏林冠下的灌木、杂草，然后进行整地，在林冠下采用植苗或播种的方法进行人工造林，一般适用于郁闭度低的次生疏林的改造。林冠下造林，森林环境变化较小，苗木易成活；杂草与萌芽条受抑制，可以减少幼林抚育次数。但必须注意适时适伐上层林木，以利于幼树的生长。一般喜光树种造林后一旦生长稳定，就应伐去上层林冠。在阴坡或阴冷条件下，林冠下造林不宜选用喜光树种。清除灌木、杂草的强度、整地方法和规格，与植苗或播种选用的树种密切相关。如在山西北部、中部较高海拔条件下，林冠下补植华北落叶松（幼年极喜光且耐温性差），应在林冠下采用全面清理或宽带状、大块状整地造林，种植带上的杂草、灌木应彻底清除；而林冠下补植云杉（耐荫性较强、全光下生长不良），则应在林冠下以窄带状、小块状清除灌木杂草。此外，还应考虑树种不同年龄阶段的生态学特性。如红松幼龄期确有一定的耐荫性，郁闭度稍大生长状况较好；但随着年龄增大，上层林冠郁闭度增加，红松生长则表现不良。因此，红松在林冠下造林后 10 年间，应进行上层疏伐。

抚育采伐，插空造林。适用于林分郁闭度较大，但其组成有一半以上为经济价值低下、目的树种不占优势或处于被压制状态的中、幼龄次生林；也适用于屡遭人畜危害或自然灾害的破坏，造成林相残破、树种多样、疏密不均，但尚有一定优良目的树种的劣质低产林分；还适用于主要树种呈群团分布，平均郁闭度在 0.5 以下的林分。实施时，首先对林分进行抚育间伐，伐去压制目的树种生长的次要树种，以及弯扭多叉、病虫害严重、生长衰退、无生长潜力和无培育前途的林木；然后在小面积林窗、林中空地内，人工栽植适宜的目的树种。有些林分本身呈群团状分布，其中有的群团系多代萌生，生长过早衰退，则可进行群团采伐、群团造林；有些林分分布不均匀、有许多林中空地，则应在群团内进行抚育间伐，在林中空地补植目的树种。造林树种的选择，应考虑林分立地条件、林窗和林中空地的大小。林中空地小时，可选用中性或耐荫树种；林中空地大的（大于 3 倍树高以上），选用喜光树种。在阔叶次生林中，宜选用针叶树种，使其形成复层异龄针阔混交林。在立地条件差的次生林中，应注意采用土壤改良树种，以提高地力。

带状改造。主要应用于立地条件较好，但由非目的树种形成的次生林。改造的方法是在被改造的林地上，间隔一定距离，呈带状伐除带上的全部乔灌木，然后于秋季或春季整地造林。待幼苗在林墙（保留带）的庇护下成长起来后，根据幼树对环境的需要，逐渐将保留带上的林木全部伐除，最终形成针阔混交林或针叶纯林。此法在生产中应用广泛，它能保持一定的森林环境，减轻霜冻危害，造成侧方遮荫，发挥边行效应，施工容易，便于机械化作业。带状改造与带宽、造林树种、坡向、坡度等有密切关系。采伐带宽，光照条件充足，气温变化大，萌芽条、杂草生长就较旺盛，适宜栽植喜光树种；反之，采伐带窄（一般在 5 m 以内），适宜栽植中性或耐荫树种。采伐带上最好选择适合于该立地条件的针、阔叶混交树种，以便形成带状针阔混交林。在山区坡度较大的阳坡和采伐后容易发生水土流失的情况下，采伐带的宽度应小；反之，宽度应大些。采伐带在坡度陡、有水土流失的地区，一般采用沿等高线布设的横山带，但有作业不便的缺点。因此，在地形较为平缓、水土流失轻微的地区，可采用顺坡布设（顺坡带）。

封山育林，育改结合。该法最明显的特点是用工省、成本低、收效快、应用面广、综合效益较高，在许多地区是一种行之有效的方法。我国现有的大部分经济价值较高的次生林，都是经过封山育林发展起来的。经过封山育林，不仅扩大了次生林的面积，提高了次生林质量，且在改造残、疏次生林方面，也起到了良好的作用。

3. 诱导培育针阔混交林

在针阔混交林适生地带，由于次生林中有良好的伴生阔叶树种，有天然下种或有较强的萌芽更新能力，因此应当通过林分改造，尽可能诱导培育为针阔混交林。这是根据多数阔叶次生林的特点，为促进次生林进展演替，变劣质低功能林为优质高功能林而采取的一种极为重要的改造方法。

诱导针阔混交林的具体方法主要有以下三种。

择伐林冠下栽植针叶树。在改造异龄复层阔叶次生林时，通过择伐作业，保留中、小径木和优良幼树，清除杂草、灌木后，在林间隙地种植耐荫针叶树，逐步诱导成针阔混交林。

团、块状栽植针叶树。对阔叶次生林采伐迹地，不立即进行人工造林，而是待更新阔叶树出现后，再在没有更新苗木和没有目的树种的地方，除去杂草、灌木和非目的树种，然后呈团、块状栽植针叶树，使其形成团、块状针阔混交林。

人工营造针叶树与天然更新阔叶树相结合。这种方法适于有一定天然更新能力的皆伐迹地和南方亚热带地区。当种植的针叶树成活、天然阔叶幼苗成长起来后，在幼林抚育时，有目的地保留生长良好的针阔叶树种与具有增加土壤肥力的灌木，使其形成针阔混交林。

第三节 天然林资源与生态环境监测

一、天然林资源监测与评价

天然林资源监测与评价是及时了解和掌握工程区域内各类型资源数量、质量及其动态变化，尤其是生态系统的变化及影响和导致生态系统变化的环境因素，并对工程的生态效益、社会效益、经济效益作出准确客观评估，为规范和指导天然林保护的实施提供重要的依据，实现资源的可持续发展。[①]

（一）天然林资源现状调查

利用现代先进技术手段，对工程区域内天然林资源现状进行调查，明确天然林保护工程的范围、面积与质量，将经营方式落实到小班，实现天然林资源分类经营。

我国已经具有较完备的天然林资源监测体系，它是实现分类经营和天然林管理的基础。大部分省（自治区、直辖市）已经具备较全面的二类调查资源，这是天然林资源现状调查的重要基础资料。同时，结合卫星遥感数据资料，辅助地面调查，可以实现天然林资源现状调查。摸清各级天然林资源种类、数量、质量及分布；区域林班、小班，实施集约经营；区划林种，实施天然林分类经营；建立数据库，提高天然林资源监测水平；编好经营规划，调整经营方案；收集与天然林保护工程相关的社会经济状况现状信息，建立相应数据库，以便于数据更新。

（二）天然林资源监测与评价体系

1. 天然林资源监测体系

天然林资源监测体系包括国家与省级的监测及省以下的地方监测体系，省与国家的监测体系以完成地域上的宏观监测为主要目标，它主要为国家与省的宏观

---

① 刘仁义，王永良.论保护天然林资源工作的措施[J].中小企业管理与科技（上旬刊），2014(2)：165.

管理天然林资源提供服务，管理内容主要是战略规划、预测、调控等，所需信息应高度综合，可有较长的间隔期，精度稍低，因此可以建立固定地为基础的技术体系，以很好地完成宏观监测。地方特别是县以下的基层单位对天然林资源管理主要是组织与指挥（执行）职能，需要有一定精度、间隔期短并具有较详细的信息，特别是基层必须落实到经营管理单位。天然林林区已经拥有各种调查资料，在现有条件基础上，补充、发展、建立相应的信息系统，不仅可为地方各级提供适时可靠的信息，亦是对全国天然林资源监测体系的完善与补充。

天然林资源监测体系的范围与内容。天然林资源监测体系按国家—省（森工集团）—地、市（管局）—县（局）等层次，对所属范围进行监测。一切数据以从底层向上逐级生成为主，辅以采集同层所必需的数据。各层对下属的监测，数据应下降一级，即县（局）级监测到林场级，数据到林班、小班；地、市（管局）监测到县（局），数据到林场。国家和地方监测内容根据需要建立相应的监测指标体系，分解后用相应的数据与方法提取，各层指标类同，但综合程度不同，上层比下层更综合，但精度稍低。

天然林资源监测的方式与方法。天然林资源监测可选用下列方式：①统计监测，它是传统的监测方式，利用各级统计报表及相应报告，经过分析完成监测；②固定样地监测，在监测范围内布设一定数量的样地，分析各期的样地资料完成监测；③遥感动态监测，正在发展中的方式，以航天航空图像为主，结合地面调查，多时相完成监测；④信息系统监测，从各种调查资料中汇集监测数据，层层汇总并分析评价，完成监测。

对天然林资源监测体系方式的选择，主要取决于数据适用性、技术可行性、经济可能性。从理论上讲，以上四种均适宜于一定条件下使用。但从当前条件分析，拟采用从传统的统计方法逐渐转向以信息系统为主的方式进行监测。这是因为，统计监测基于手工作业，数据多，不规则，速度、精度均不能保证，但它已经使用多年，尚不能同时完全废除；遥感方式的使用主要受成本及判读技术等因素限制，用于下层小面积监测尚有一定困难，但是大范围的宏观监测应作为首选；固定样地方式虽有较高的可靠性，但因它以总体为单位，不能落实到被监测对象，同时它需单独投入，因此成本较高；信息系统是日常管理的延伸，在原有基础上系统化、综合化、体系化，且技术较成熟，成本较低，安全可靠。因此，以信息系统包括地理信息系统为主的监测方式将是地方天然林资源监测的最佳选择。

信息系统可作为天然林资源监测的基本方式，但对那些集约程度低，没有资源清查条件的地区则用统计方式代替，对不可及大面积林区可借助遥感监测方式。

2. 天然林资源评价

评价指标选择。从天然林资源监测任务的角度，将描述天然林资源结构功能的因子分成三大类：第一类是静态结构指标，它反映了天然林资源系统的结构与功能，同时加入社会经济因子，反映系统与环境的交互作用；第二类是动态指标，反映天然林资源随天然林保护工程进展而发生变化的状况；第三类是综合效益指标，反映了天然林保护成效，并向管理者提供反馈信息。

建立指标体系的原则：①实用性，即有用且可行。有用是指各级单位用得上，可行是指在现有的条件下可以获得。②完备性。简单地说，完备性是指评价指标不多不少，是指从内容上涵盖了所有要评价的方面，没有重叠。③量化、可比性。选择的指标都是可量化的，含义清楚，且便于在计算机上实现。④权威性。这是可信程度的标志。一般可信程度来源于历史沿袭（习惯）、行政权威、专家意见等。⑤综合性。系统特别是复杂的系统的评价大多需要综合指标。为此，要专门提炼出一些综合指标。以期全面而准确地反映系统的功能与效用。

二、天然林生态环境监测与评价

（一）生态环境监测技术

天然林区域是一个巨大且复杂的生态系统，对其生态环境进行监测最佳选择是建立一个分层控制的监测体系，包括监测网络的布局、监测指标的选择、数据采集与管理。

1. 监测的思路与原则

基本思路。根据全国森林生态系统定位观测网络和防护林综合效益计量与评价多年的研究成果，提出了天然林区域生态环境监测的基本思路。

建立天然林区资源与环境效益的动态监测网络系统。统一观测研究技术规范，采用点面结合分层控制、多学科交叉的研究方法，以及计算机数据管理系统，以提高数据采集与管理的科学性和可靠性。

确定以天然林重建过程和水量平衡为两条主脉，从理论上探讨天然林演变过程的资源、生物产量、生物多样性的变化，以及水为载体的物质流动过程，包括森林水文、土壤侵蚀、森林改良土壤、凋落物的养分状况等，为天然林资源与环境效益评价提供科学依据。

2. 监测网络空间布局

天然林区的生态环境受地形地貌、生态系统及社会系统的影响。地理空间分异是生态环境的一个基本特征，是天然林区生态环境监测的基本原则，也是监测网络布局的主要依据。根据地域分异规律，天然林区生态环境监测采用分层控制，点面结合，分区、分类的原则进行空间布局。具体地说，天然林区生态环境监测系统可分为大尺度（天然林分区区域）、中尺度（流域）、小尺度（小集水区）、森林类型（监测样地）4个层次，由大到小逐级控制。

第一层次——区域监测。大尺度监测可以我国天然林分区为依据，每个大区作为一个监测单元，在每个区建立一个监测中心，目的是监测天然林区域大尺度上的生态环境变化过程。

第二层次——流域监测。流域监测的目的是为深入认识生态过程中尺度上的变化提供数据。监测流域应在大尺度中选择有代表性，且森林类型丰富、生态环境多样的流域。研究各生态环境变量在中尺度上的特征，这是尺度转换最重要的不可替代的中间环节。

第三层次——小集水区监测。监测目的是提供最基础的生态效益数据，作为建立数学模型效益评价依据。生态过程的测定，包括森林生长，生态系统生物生产力，生物多样性、土地利用方式；小气候、涵养水源、水土保持效益的观测采取小集水区法进行长期定位观测。小集水区的选择应依据典型性和代表性原则，尽量利用原有生态研究站。

第四层次——样地监测。样地监测包括标准地监测和径流监测，采集天然林最基本单元（不同土地类型和森林类型）的基础数据，为建立数学模型，效益评价提供资料。

（二）监测内容与方法

监测的目的是通过数据采集，建立数据库和数学模型，对天然林资源与环境进行评价。总体来说，天然林监测内容包括天然林恢复与重建工程、天然林水分动态与水源涵养功能、天然林土壤侵蚀与水土保持效益、天然林养分循环与改良土壤作用，以及天然林林分生长量与生物产量等。

1. 区域监测

利用"3S"技术，通过卫星遥感（RS）、全球定位系统（GPS），地理信息系统（GIS），提供大区森林、植被、水文、土壤、岩性等基础数据，结合该区流域、小集水区、监测样地不同层次的数据，提出数学模型，对区域生态环境进行监测与评价，预测区域生态环境变化。

2. 流域监测

利用地理信息系统资料，结合流域水文站的观测资料，提供流域内森林、土壤、水文等基础数据，结合小集水区、监测样地的数据，研究流域生态环境，并进行评价与预测。

3. 小集水区监测

采用样地（径流场）—小集水区沟口分层逐级控制的方法进行监测，首先要对小集水区进行详细的本底调查。在此基础上，在小集水区内，对主要森林类型设置固定样地 20 m × 20 m，建立 20 m × 5 m 径流场和水量平衡场；在小集水区沟口建立测流堰，并建立小型气象台站，主要研究各森林类型水文变化过程、水土流失规律、物质流动与循环、能量流动、植被演变、土壤改良过程等内容。

4. 样地监测

采用实地布设、实地调查的方法。一是对主要森林类型设立固定样地，二是在流域内布设样地，三是在小集水内结合径流场布设样地，并增设样地。样地以 20 m × 20 m 或 10 m × 10 m 乔灌草式样方进行设置，主要研究不同森林类型、生物生产力、植被演变、生物多样性等变化特征。

第四节　天然林保护工程管理

一、天然林保护工程管理的内容

（一）组织管理

组织机构设置的目的是进一步充分发挥工程管理的职能，提高工程整体管理效果，以达到工程管理的最终目的。因此，推行工程实施中的组织管理是一个至关重要的问题。高效率的组织体系和组织机构是工程实施管理成功的组织保障。[①]

国家林业和草原局天然林保护工程管理中心（国家林业和草原局天然林保护办公室）是国家林业和草原局所属参照公务员法管理事业单位，单位类别为公益一类，主要职能是：①拟定有关天然林保护工程的方针、政策、法规，经批准后监督执行；②组织拟定有关天然林保护工程的规程、标准、办法，并监督执行；③参与编制全国天然林保护工程规划，指导地方工程规划、实施方案的编制工作；④参与年度计划编制，并依据工程实施情况提出工程建设调控建议；⑤指导天然林保护工程实施，组织工程建设年度、阶段和竣工检查验收；⑥组织开展工程报账制管理工作，监督工程实施；⑦组织工程建设技术推广、人员培训、社会宣传和效益监测工作；⑧负责组织工程区试点示范工作的指导，总结试点示范经验；⑨组织工程建设调查研究，负责工程信息、统计工作，掌握工程建设动态，汇总工程建设情况；⑩开展相关的国际交流活动，参与有关外援项目立项申报，指导项目实施和检查验收工作；⑪承担国家林业和草原局天然林保护工程领导小组办公室日常工作；⑫承担国家林业和草原局交办的其他工作。

为了便于工程管理的组织联系，管理的系统性，形成责任制和信息沟通体系，各省也要成立相应的天保工程管理办公室或管理中心，职能可比照国家林业局天保中心（注：国家林业局现为国家林草局，即国家林业和草原局，以下本节内容仍用旧称）的职能，并结合本地区的实际情况自行确定。

各级政府及林业主管部门、森工（林业）集团公司及所属林业局应加强对天保工程的领导，成立天保工程领导小组，统一安排、审议、协调工程实施中的重大问题。在领导小组下要建立专职的管理机构，具体负责天保工程的组织实施。

天保工程的管理工作实行分级负责制。各省和省以下的天保工程主管机构要在国家统一规划下建立地理信息系统，实现对工程实施进度、任务完成情况、资金运行、核查验收等过程的全面监督，积极参与对工程区内森林、林木、林地消长变化进行动态监测与评价，提高工程管理的科技水平。

天保工程区省、自治区、直辖市林业主管部门应当在人民政府领导下，加强森林管护工作的监督管理，分解森林管护指标，建立健全森林管护责任制，严格考核和奖惩。县级林业主管部门、国有重点森工企业、国有林场等天保工程实施

---

① 祝青松.天然林资源保护工程管理的策略[J].江西农业,2019(20):80.

单位（以下简称"天保工程实施单位"）负责组织实施森林管护工作，落实森林管护责任，完善森林管护体系，落实考核和奖惩措施。天保工程实施单位负责组织实施管辖区域内的森林管护工作，确定森林管护责任区，把森林管护任务落实到山头地块，把森林管护责任落实到人。天保工程实施单位应当建立健全由县（局）、乡镇（林场）、村（组、工区）和管护站点组成的森林管护组织体系，建立完善森林管护管理制度。天保工程实施单位应当按照批准的天保工程实施方案，制定森林管护工作年度实施计划，作为组织实施森林管护、管护费支出和检查验收的依据。

（二）工程设计与施工管理

按照我国林业的实际情况，工程设计习惯上分为两个阶段，即项目决策阶段设计和初步设计（作业设计）。项目决策阶段设计，包括项目建议书和可行性研究报告（具体到天保工程，就是天保工程实施方案，已经国务院批准），施工阶段设计主要包括作业设计（主要是各县局的天保工程实施方案、造林作业设计、抚育作业设计、森林管护设计等）。

天保工程各类基本建设项目要严格按照国家规定的基本建设程序进行管理，按实施方案确定的建设项目组织设计，按设计组织施工、核查验收。各级天保工程主管机构要会同造林等有关业务职能单位加强对工程实施方案、作业设计、单项工程（方案）设计、工程项目施工等的组织和指导，保证设计与施工的质量。

工程设计实行招投标制度，择优选用相应资质的工程项目设计单位。要实行工程项目设计质量负责制，依法对各类设计进行管理。

县（局）级工程实施方案的编制必须以县（局）级森林经营方案为蓝本，建立在科学的森林分类区划的基础上进行，由县级工程主管部门或森工（林业）集团公司所属的林业局组织编制。

省级和县（局）级工程实施方案审批权限是：各省实施方案由省级人民政府组织审核后，报国家林业局组织审批；县（局）级实施方案经县级人民政府审核后，由省级林业主管部门会同计划、财政、劳动保障部门审核后报省级人民政府审批。大兴安岭林业集团公司的实施方案，由国家林业局商有关部门审批。

天保工程设计文件一经批准，不得随意变更。确需变更的，必须由建设单位委托原设计单位提出变更，报原批准部门重新审批。

工程施工实行招投标制度，所有建设项目施工和货物采购实行合同制管理。

施工单位必须依据批准的设计文件，严格按照技术规范、标准，合理施工，不得以各种理由将工程进行二次转包，以确保工程质量。建设单位要接受对工程实施质量的监理和监督。各级工程主管部门要加强对批量货物采购的组织和领导，制订具体的货物招标采购办法，以保证货物的质量，降低工程造价。

落实森林管护责任制。采取多种形式将森林管护责任制以合同的方式与管护承包者的利益挂钩，实行奖励与惩罚结合。各省要规范森林管护合同，合同文本要明确责任人、管护面积、职责和义务、奖惩措施等条款，对森林管护实行法治化管理。

天保工程区森林管护实行森林管护责任协议书制度。森林管护责任协议书应当明确管护范围、责任、期限、措施和质量要求、管护费支付、奖惩等内容。森林管护责任协议书每年度签订一次。森林管护人员应当按照森林管护责任协议书的要求，认真履行职责，做好巡山日志等记录，有关森林管护资料应当及时归档管理。森林管护人员应当认真履行森林管护责任协议，完成任务并达到质量要求，天保工程实施单位应当及时兑现管护费。

（三）工程计划与资金管理

工程项目建设投资、财政资金计划的安排依据是批准的实施方案和初步设计（作业设计）。

年度基本建设投资计划编制实行"自下而上、自上而下、上下结合"的编制方法。下一年度计划，由省林业主管部门会同省级计划部门在认真总结本年度工程实施情况的基础上，编制下一年度基本建设投资建议计划，上报国家林业局，抄报国家计委。国家林业局汇总审核后报国家计委申请下达工程年度投资计划。省以下的年度基本建设计划的编制，由各省自行确定。

财政资金的申请和下达按以下程序进行：地方向中央财政申请天保资金，先由各省林业主管部门编制资金申请报告，经省级财政部门审核，按有关程序于每年1月底前向财政部申报。中央直属单位由单位主管部门编制下年度资金申请报告报国家林业局审核，再由国家林业局向财政部申报。地方实施单位的财政资金由财政部按有关规定下拨省级财政部门；中央直属单位的财政资金，由国家林业局根据财政部下拨资金的数量和要求拨付给所属实施单位。

基本建设年度投资计划，未经国家林业局和国家计委批准，任何单位不得擅自调整。如确需调整，需报国家林业局和国家计委审批。对违反上述规定的单位要责令限期纠正，并进行必要的宏观调控。

年度中央国家预算内基本建设（专项）投资计划和财政资金计划实行抄送备案制度。各省林业主管部门、森工集团要将明细计划抄送国家林业局备案。

天保工程资金实行专户存储、专款专用、单独建账和核算，任何单位不得挤占、截留、挪用、强行划转或抵扣各种贷款本息、税金、各种债务等。建设单位要切实加强财务管理，规范会计核算，努力提高资金使用效益。

纳入工程实施方案投资概算的地方财政配套资金，应先于中央资金拨付给建设单位；对不能足额配套的，国家有关部门有权停拨中央资金。

工程县（局）要严格按有关规定拨付建设资金，即：造林工程预付款额控制在年度计划投资的50%以内，然后根据工程进度逐步拨付30%的资金；年度造林任务完成后，经检查验收合格后再拨付10%的资金；预留10%质量保证金，待3年保存率核查达标后，再予拨付。

各级天保工程主管部门要加强对资金使用情况的管理，发现问题及时纠正。实行建设项目法人代表责任制和工程主管负责人离任审计制度。对违规使用资金的，要追究所在单位领导及当事人的责任；情节严重构成犯罪的，依法追究其法律责任。

（四）工程监督与核查验收管理

工程监督包括检查组现场检查监督、报表监督、审计监督和追踪评价监督。

各级工程主管部门要根据工程进展情况，安排好随机检查和专项检查；要设立举报电话和举报信箱，认真受理举报电话和信件，对重大问题，要直接派人进行核实处理。

凡出现下列情况之一的，国家林业局将给予通报批评，并视情节轻重，对项目进行缓建、停建，并建议地方政府依法对项目责任人（主管项目领导或项目法人）给予行政处分或行政处罚，直至追究刑事责任：①除人力不可抗拒因素外，投资计划下达满1年但尚未开工的项目；②擅自调整年度建设投资计划，截留、挪用、挤占工程资金的；③地方财政资金不按规定的比例配套或逾期半年以上拨付资金的；④项目实施过程中玩忽职守，给国家造成重大经济损失或项目无法进行建设的；⑤弄虚作假、欺上瞒下或有其他违法违纪行为的；⑥工程区发生毁林或乱占林地，且情节比较严重的。

工程核查结果是检验天保工程建设项目质量和目标效果的依据，也是实施宏观调控的主要依据。工程核查验收分为县（局）级自查、省级林业主管部门复查、国家抽查三级核查验收制度。

工程核查验收的内容包括：森林分类区划和工程实施方案、木材产量调减、公益林建设、森林管护、富余职工分流安置，以及种苗、病虫害防治、防火、科技等内容。

对通过核查验收的省，由国家林业局对任务完成好、工程质量高的单位，予以表彰奖励；对问题突出的，下达整改意见并责令其限期完成，情节特别严重的，将建议地方政府、森工集团追究工程主管负责人和项目法人的责任。

建设单位应当严格按照国家档案管理的有关规定，及时收集、整理工程项目各环节的文件资料，建立健全工程档案，接受上级管理部门的备查。

二、天然林保护工程管理的几项重要措施

（一）各级地方政府目标责任制和项目法人责任制

1. 各级地方政府目标责任制

各级地方政府目标责任制，是天保工程顺利实施的组织保障。实施天保工程是一项长期、艰巨的任务，涉及国家巨额投入和地方配套资金的安全运行、森林资源能否得到切实有效的管护、公益林建设能否保质保量地完成，还涉及大量的富余人员分流安置、地方财政减收、林区社会的稳定和经济发展等等，是一项复杂的系统工程。各级领导要深刻领会党中央、国务院关于实施天保工程，加强生态建设和环境保护的重大意义，进一步提高认识，加强领导，明确责任，切实把实施天保工程的工作列入重要议事日程，及时研究解决工程实施中的重大问题。可以说，没有各级地方政府的重视、支持和领导，天保工程是不可能顺利实施并取得成效的。切实加强工程的组织领导，是工程实施的重要保障。在国务院批准的天保工程实施方案中，明确了工程实施的主要原则之一就是要坚持省级政府负全责和实行地方各级政府目标责任制，将工程建设的目标、任务、资金、责任"四到省"，切实将森林资源管护、公益林建设等建设目标和任务落实到位，将下岗人员分流安置、配套资金以及相关的政策，落到各级政府肩上。要层层签订责任状，层层对上负责，由省级政府对国家负总责，使之成为"硬约束"，做到一级对一级负责，一级抓一级，真正将天保工程的责任落到实处。要把工程实施的好坏作为考核、任用、提拔领导干部的重要内容，定期进行考核，奖优罚劣。要

明确各有关部门的职责，明确分工，密切配合，共同为工程实施做好服务。国家的做法是，国家林业局主要负责组织编制工程实施方案，指导工程实施，组织工程检查验收等；国家计委和财政部从宏观上把握工程建设和资金拨付进度，协调解决工程的投入政策等；劳动和社会保障部协调解决各地在职工分流安置、养老统筹等方面的问题；各省（区、市）可参照这种做法，加强各部门之间的协调配合，努力为基层做好服务，解忧帮困，推进工程建设健康发展。

2. 项目法人责任制

项目法人责任制，是天保工程规范化管理的具体要求。国家投入巨资实施天保工程，就是要使森林资源确实得到保护，并加快工程区宜林荒山荒地林草植被的恢复，改善生态环境，促进国民经济和推动社会可持续发展目标的实现。对于这个庞大、复杂的系统工程，我们只有抓好工程的规范化管理，明确各工程项目的责任人，对各项工程实行项目法人责任制。这样，才能够建立起投资责任约束机制，规范项目法人的行为，对各项工程的项目法人都能够明确其责任、权力和利益，增强其责任心，由项目法人对工程实施的全过程进行负责。确保工程实施的质量，确保工程目标的实现。工程实施单位的企业法人，如森工局的局长，国营林场的场长，就是项目法人。在项目法人的统一组织和管理下，从勘察设计、种苗生产、材料设备供应到组织施工、资金管理、招标与合同管理、工程监理和检查验收等工程实施所涉及的各个环节，按照业务分工，都要将责任分解落实到具体每个人身上，每个环节都要有人负责。所有领导责任人、项目法人代表，以及勘察设计、施工、种苗和材料设备供应、监理等单位负责人，都要按照职责对经手的工程项目质量负终身责任，如果出现问题，不管调到哪里，都要追究有关责任。

（二）工程资金报账制

1. 报账制的主要内容和实质

对公益性建设项目采用报账制管理，是当前国际上通行的做法。所谓报账制，就是把整个工程建设分解为若干阶段，对每个阶段施工的进度和质量，都要进行严格的监督，经检查验收合格，才予以报账付款。否则，要责令返工，并按合同给予处罚。一个项目能否取得成功，质量是根本。保证质量的根本是严格的资金管理，才能保证资金的正常运转。工程项目的报账过程，是一个严格的审批、质量检验、资金把关的过程，使报账制真正成为把握项目质量和效益的经济手段。

报账制管理的一项基本原则就是，谁花钱，谁申请报账；谁出资，谁审批报账申请。出资者也可委托专门的机构或人员检查验收工程项目，审查批准报账申请。

2. 报账制管理，是工程建设的需要

报账制是对我国传统的计划经济体制下粗放的财务预、决算办法的一场深刻变革。传统的预、决算办法，通常是在年初根据项目计划划拨资金；年末项目竣工验收后编报、审批决算。如果中间过程监督、控制不严，导致质量管理与资金管理不能同步进行，往往是钱已经先花出去了，质量优、劣最后都得让过关，给挤占、挪用资金等行为造成可乘之机。由于对工程项目缺乏全过程的监督、控制，尤其是对其主要环节缺乏及时的、严格的监督，造成工作量以少报多、以次充好、虚报冒领的现象，使其难以得到有效的控制。而报账制，由于强化了对工程项目全过程，尤其是对主要环节的监督、控制，有一套严格的工程记录、责任人签字、检查验收文件等程序控制，就能有效地防止虚假现象的发生，使监督机制处于主动的位置。

天然林资源保护工程是一项庞大的系统工程，是实现经济和社会可持续发展的战略性公益项目。对公益性项目实行报账制管理，是国内外的成功经验，也是天保工程内在规律的客观要求。

3. 报账制的实施步骤和具体做法

按照报账制的一般规定，项目实施单位首先使用自筹资金或由出资者提供的周转金组织施工，当完成一定阶段的工作量并自查合格后，向出资者申请提款报账。出资者将派员或责成特定的组织机构，按照规范的报账程序，对建设项目进行检查验收。符合规划要求，完成一定的符合质量、数量标准的工程项目，才准许提款报账，拨付资金。否则，将责令其限期改正。逾期不改者，不予提款报账，并按照协议的规定予以处罚。

（三）工程核查验收

1. 核查验收的目的

工程核查是检验天保工程建设项目质量和目标业绩的主要方法；是国家对工程实施宏观调控的主要依据；是不断促进、改善工程实施阶段管理的重要手段。作为各级政府和工程主管部门，只有通过对工程的认真核查，才能及时发现工程建设中出现的任务与质量、资金使用与管理等方面的问题。通过发现的这些问题，也可以在一定程度上了解各级管理单位和基层建设单位（县、局、场等）在工程

组织、工程管理、制度建设等存在的不足及缺陷，有的放矢地制订出完善工程管理的措施和办法。

2. 核查的依据、程序和方法

核查的依据。严格按照国家、地方有关的方针政策、法律法规、文件等办事，是搞好工程核查的基础。

这些文件具体包括：国家级、省级和县局级天保工程实施方案；国家计委、财政部、劳动保障部等部门有关的规定；国家林业局颁发的《天然林资源保护工程管理办法》和《天然林资源保护工程核查验收办法》；财政部、国家林业局颁发的《天然林资源保护工程财政专项资金管理办法》；国家林业局下达的年度天保工程投资和任务计划（包括公益林建设投资计划、转产项目资本金计划、种苗和防火建设等计划）；中央和地方财政下达的财政专项资金计划。

核查的程序。核查工作实行自上而下部署，自下而上逐级进行。大体的步骤是：年初由国家林业局下达核查验收通知；各县（局）工程主管部门根据国家林业局通知的要求，组织本辖区县（局）进行全面的自查；自查完成后，将自查结果报省级主管部门或森工集团公司；省级工程主管部门或森工集团公司根据县（局）自查结果，组织省级有关部门对县（局）自查的结果进行复查，复查比例由省级林业主管部门自行确定；在省级复查结束后，申请国家林业局进行抽查；国家林业局在各地复查结束后组织抽查；国家林业局在抽查结束后，将抽查结果通报各地，对抽查合格的省将颁发合格证书，对抽查不合格的省发出限期整改的意见。

核查的方法。按层次分：天保工程核查实行县（局）级核查（以下称自查），省（含自治区、直辖市，下同）级工程主管部门或森工集团公司核查（以下称复查），国家林业局核查（以下称抽查）的三级核查验收制度。

按组织形式分：包括专项核查、年度核查、阶段验收和总验收。

专项核查：是指根据群众举报、有关部门或新闻单位反映的问题，分别由各级工程主管部门联合组成或单独组成的核查组针对出现的问题，直接赴存在问题的省、市（地区）、县（局）进行的核查。

年度核查：分别由国家、省、县（局），定期对所辖工程区建设情况进行全面或按比例核查。

阶段性验收：每3年为一个阶段，由县（局）、省、国家林业局自下而上逐级进行验收。

总验收：工程全面完成后，在县（局）、省逐级完成验收的基础上，由国家林业局会同国家计委、财政部、劳动保障部等有关部门共同组织总验收。

年度造林核查的抽取比例。按照对建设单位、工程任务均采取随机抽样、任务与资金同步的方法进行抽查。对公益林建设的核查要尽量考虑立地条件、气候条件的差异，以保证核查成果和核查精度具有普遍性。

国家抽查县（局）占省（区、市、集团）的15%，被抽查单位的任务和资金量分别在15%和80%，总的抽查单位、任务、资金的比例控制在总量的15%、5%和15%。

省级复查和县（局）级自查比例在保证核查精度的原则下，由各地自行确定。

核查成果汇总。核查成果包括：工作开展的基本情况、用文字和表格分述各项任务完成情况、核查结果分析与评价、存在的问题与建议。为便于国家抽查，受检省、县（局）应分别提供一式五份复查和自查报告、相应的报表（包括计算机文件）。各级工程主管部门要保证核查验收工作质量，要做到事先指导、中间检查、成果校验。

3. 核查的内容和工作要求

核查的内容主要包括3个方面：任务方面，资金方面和工程管理方面。

任务方面包括：县（局）级天保工程实施方案是否按照国家级和省级实施方案规定的原则、目标、任务等具体落实；禁伐区是否按要求全面停止采伐；木材减产任务是否按计划逐年减产到位；造林任务是否保质保量完成；对工程区现有森林（包括灌木林和未成林造林地）是否实现有效的保护；富余职工是否进行了妥善的分流安置；种苗、防火、病虫害防治等建设是否达到预期的效果等。

资金方面包括：所有由中央预算内基本建设（专项）投资、中央和地方财政资金计划、拨付、到位和使用情况；资金单独存储、单独核算情况；管护人员工资、职工分流安置补助费和基本生活保障费的发放情况；养老统筹补助资金及政策性社会性支出补助资金安排及使用情况；违纪项目和违纪金额数量情况；财务制度和财务人员配备情况；财务档案建立情况等。

工程管理方面包括：组织机构、人员配备、制度建设、文档管理等。

核查工作要求。要切实加强对核查工作的领导。工程核查是检验工程成效的重要手段，各级工程主管部门要指定一名主管领导具体负责，并成立由天保计划、财务、造林、资源、设计院（所）参加的核查工作领导小组，及时协调和解决核查工作中出现的问题。

要认真做好准备。为保证核查精度和便于核查结果，要求县（局）和省准备好以下材料：①自查（或复查）报告；②上一级工程主管部门下达的年度工程建设任务及资金（财政专项和基本建设）计划；③项目投资计划和完成情况表，工程建设任务计划和完成情况表；④各项工程建设资金和各项财政专项费用财务决算表；⑤同级审计部门出具的资金专项审计报告；⑥管护面积落实情况表；⑦完整的项目档案，主要包括工程实施方案、工程作业设计（含现状图、规划图、工程完成情况图）、计划与资金管理档案和账册、建设单位自行制定相关的规章制度和办法；⑧其他有必要准备的说明材料。

4. 奖惩措施

对工程抽查合格的省，国家林业局发予合格证书；任务完成好、工程质量高的单位，国家林业局予以表彰奖励。

对于工程任务和质量完成差的，将给予通报批评，并限令其进行整改。有下列情况之一的，国家林业局除不发给工程合格证书外，还将给予通报批评和按有关规定进行处理：①没有按计划完成国家下达的相关任务；②工程质量和标准没有达到国家林业局制订的管理办法中规定的建设标准；③弄虚作假、虚报任务完成情况；④擅自截留、挪用建设资金。

核查结果认定。对抽查不合格的省，要在国家规定的期限内进行返工或整改，经国家复查合格后再补发抽查合格证书。对抽查仍不合格的单位，国家林业局将根据情节严重程度，暂缓甚至停止安排下一年度的建设任务。同时，国家林业局将建议所在地有关部门追究工程主管负责人和责任人的责任。

第五章　林业工程建设与水土保持

第一节　造林地清理与水土保持

一、林地清理可能造成的水土流失

造林地的清理就是在翻垦土壤前，对造林地上的灌木、杂草等植被进行清除，或者是对采伐地中的枝丫、梢头、伐根、站杆、倒木等剩余物进行清理的一道工序。其目的是改善造林地的卫生状况，为翻垦土壤、整地、林木栽植、幼林抚育等作业创造有利条件[①]。

可以通过不同形式的清理，创造不同的微地形和气候，以适应不同生物学、生态学特性树种的需求。例如，全面清理更适合喜光树种的更新造林，而局部清理适用于耐阴树种的营造；植被清理后，还减少了植被对于养分的直接消耗，增加了土壤中的有机质含量，改变了土壤的物理性质，有利于土壤微生物的活动，加速了营养元素的循环，加快了土壤中的供应。通过林地清理将迹地中与幼林进行竞争的杂草、灌木清除，从而减少造林地内土壤水分和养分的消耗。还可将残留的病木带出林地，破坏病虫赖以滋生的环境，减轻病虫的危害。造林地清理也有利于播下的种子萌发和新栽苗木的成活，并促进幼林的生长。

在清理造林地时，会不同程度地造成地面的水土流失。从水土资源和养分的保持效果来看，未清理最好，带状清理次之，火烧清理最差。无论何种清理方式，水土流失量和养分流失量均随坡度的提高而增加。当坡度小于8°时，火烧清理的水土流失量较轻，但坡度大于15°时，水土流失极为严重，在此坡度以上的迹地应禁止用火烧清理。因此，过度清理天然植被，会改变土壤理化性质，造成土壤条件恶化，导致水土流失。所以应因地制宜地选择合适的林地清理方式与方法。

---

① 李险峰，郭昭滨. 森林水土保持功能与生态效益评价 [J]. 防护林科技，2018（8）：62-63.

二、清理方式

林地清理方式有全面清理、带状清理和块状清理三种。在造林地清理过程中，应根据造林地的植被种类和覆盖度、采伐剩余物的数量和分布、造林方式以及经济条件等因素来决定清理方式的使用。

（一）全面清理

全面清理是全部清除天然植被和采伐剩余物的清理方式，包括全面割除和化学清理。全面清理工作量大，增加造林成本，适用于坡度缓、土层厚、营造经济林和速生用材林的造林地，便于机械化栽植和今后的抚育。

（二）带状清理

带状清理是以种植行为中心呈带状地清理其两侧植被，并将采伐剩余物或被清除植被堆成条状的清理方式，主要是割除和化学药剂处理。该方法适用于坡度陡、土层薄、营造用材林和干杂果经济林的造林地。

（三）块状清理

块状清理是以种植穴为中心呈块状地清理其周围植被，使用的清理方法主要是割除和化学药剂处理。适用于地形破碎、坡度陡、土层薄、营造防护林的造林地，较灵活、省工。

不同的清理方式有不同的效果和适用条件。其中全面清理的清理效果最好，但由于全面清理清除了造林地上所有的植被，造成地表裸露，造林地失去了原有的保护层，易造成水土流失。带状清理能够产生良好的造林地清理效果，同时在清理过程中保留的天然植物带可以在很大程度上防止水土流失，保护幼苗幼树，提高造林成活率，因此被广泛地使用。块状清理的清理效果较差，因此仅用于病虫害少、杂草灌木稀疏的陡坡防护林造林地或营造耐荫的树种。

三、清理方法

（一）割除清理法

通过割除的方法，不但能将造林地表面的杂草割除，而且不破坏土壤结构，此外保留在土壤内的杂草根系，能增加土壤的抗蚀性和抗冲性，预防水土流失。割除清理主要使用手工工具和割灌机，割除清理的方法适用于杂木林、灌木、杂草繁茂的荒山荒坡及植被已经恢复的老采伐迹地等。一般地区多采取带割的方法，带宽 1～3 m，随植被的高度而不同，割除带沿等高线布设。割下的灌木、杂草平铺在地表，可以有效覆盖地面，防止水土流失，而且杂草、灌木腐烂后也可以改善土壤理化性质。

（二）化学处理法

当造林地上的植被比较繁杂、造林地的地形复杂，人工清理具有一定困难时可采用化学药剂清理。化学药剂清理效果显著且具有省时、省工、经济、不造成水土流失和使用方便等优点。运用化学药剂清理造林地时，所选用的化学药剂种类、浓度、用量以及喷洒时间，应根据植物的特性、生长发育状况以及气候等条件决定。化学清理也具有弊端，如化学药剂运输不方便、不安全；用量和用法掌握不当会造成环境污染且可能对人畜造成毒害；残留的药剂会对更新的幼苗幼树造成毒害；杀死造林地中的有益生物等。因此化学药剂清理法应视造林地的具体情况而定。

（三）堆积清理法

堆积清理包括堆腐法、带腐法和撒铺法。堆腐法是指把采伐剩余物截短后堆成堆，置于林地内让其腐烂。此法经济易行，因此在实践中得到广泛应用，一般堆的长、宽、高以不超过 2.0 m×1.5 m×1.0 m 为宜。堆的位置应选在没有幼树的空地上或低洼地，对侵蚀沟以填平为主，但不要影响有正常排水作用的小河或小溪的流动。带腐法是指在皆伐迹地上常应用的一种宽 1.0～1.5 m、高约 1 m 的带状堆腐。与堆腐法相比，具有省工、便于更新作业的进行和能起到一定水土保持作用的优点，在坡度较大的迹地上，采伐剩余物较多、较粗的枝条时，这些优点尤为明显。撒铺法就是将采伐剩余物截成长 0.5～1.0 m 的小段，均匀地撒布或带状平铺在迹地上任其腐烂。一般多在干燥、瘠薄陡坡地方应用这种方法。

第二节　造林地整地与水土保持

一、整地的水土保持作用

整地是指造林前通过人工措施对造林地的环境条件进行改善，以使其适合林木生长的措施。整地可改善造林地的土壤理化性质与土壤的温度、湿度等微气候立地条件，促进直播种子快速吸水膨胀，生根出土；栽植的苗木根系愈合快，发生新根多，水分供需均衡，苗木可以顺利成活。整地后，土壤疏松，土层加厚，灌木、杂草及石块被清除，苗木根系向土层深处及四周伸展的机械阻力减小，促进林木根系及地上部分生长[①]。

整地是一种坡面上的简易水土保持工程，它可以形成一定的积水容积，把一时来不及渗透的降水储蓄起来，避免形成地表径流而产生水土流失。同时，在水土流失严重的地区，整地是水土保持工作中的生物措施（造林种草）的一个重要环节。人工林浓密的树冠、庞大的根系和丰富的枯落物具有涵养水源、改良和保持土壤的巨大效能，是预防水土流失的利器。整地通过促进人工林的成活与生长，促进人工林尽快郁闭成林，发挥其良好的水土保持作用。

在山坡进行整地对保持水土的作用是通过如下途径实现的：第一，改变小地形，把坡面局部改为平地、反坡或下洼地，改变了地表径流的形成条件，在一旦地表径流形成时，又可避免其过分汇聚，减少流量，延缓流速。第二，均匀分布在坡面上的整地部位，可以有效地积水，把截得的地表径流分散保蓄。第三，整地后土壤疏松，水分下渗快，可以更多地渗入土壤内。

二、整地方式

整地方式可分为全面整地和局部整地。局部整地又可分为带状整地和块状整地。

（一）全面整地

全面整地是对造林地进行全部土壤翻耕。这种方式对造林地土壤环境的影响

---

① 杨忠华.造林地整地的功能与营林建设的方法[J].黑龙江科技信息,2016(17):276.

面大，对土壤理化性质的改善效果较好，对造林地上杂草、灌木的清除较为彻底，对促进苗木成活、生长有积极作用。全面整地后土壤疏松，蓄水能力增强；但与此同时，全面整地破坏土壤的表层结构，由于表土裸露，抗侵蚀能力也相应减弱，加剧了土壤和养分的流失。为减少因全面整地而造成的水土流失，山地区均不采用全面整地方式。

（二）局部整地

局部整地只翻耕造林地局部地段土壤，与播种或苗木栽植部位直接发生联系。局部整地方式可进一步区分为带状整地和块状整地两类。

1. 带状整地

带状整地是在造林地上，按照一定的方向和规格以条带状的形式翻耕土壤。带状整地具有良好地改善立地条件的效果，对于保持水土具有积极作用，同时也便于机械化作业。带状整地的具体方法有水平阶、水平沟、环山水平带等。带状整地方式随造林地立地条件不同所采取的方法各异，特别是受地形条件的支配作用较大，并受整地目的、造林地植被条件、水土流失特点等的限制。带状整地应充分考虑水土流失特点，尽可能达到最大的水土保持效果。整地应视退化山地植被恢复区的造林地坡度大小选择穴垦、带垦或梯级整地方式，破土面积控制在25%以下。一般地，在退化山地坡度小于15°的直面上，采用水平阶、水平沟等阶梯整地方式。在坡度为15°~25°时，采用穴垦、沿等高线的带状垦殖，带宽视整地目的和植被状况在1~3 m不等；带长依地形变化而定，应注意避免水土流失，条带过长易产生汇集径流的冲刷。当坡度大于25°时，主要采用穴垦整地，"品"字形排列，一般采用鱼鳞坑整地方式。此外，在滨海盐碱地改良区，可采用台条田带状整地方式进行整地。

水平沟整地：整地方向沿山坡等高线进行。梯形水平沟的设置为"品"字形，利于保持水土。梯形水平沟规格为上口宽为0.6~0.8 m，沟底宽约0.4 m，沟深0.4~0.6 m，外侧斜面坡度约45°，内侧斜面坡度约35°，沟长4~6 m，水平沟间距2~3 m。挖沟时用底土培梗，表土填入沟内，以保证植苗部位有较好的肥力条件。水平沟整地适于10°~20°的坡地。由于沟深，容积大，具有拦蓄径流、保持水土的作用。

水平阶整地：沿等高线将坡面修整成台阶状的阶面，阶面水平或稍许内倾。阶面宽窄因坡地条件而定，石质山地较窄，为0.6~0.8 m；土石山地较宽，为1.0~

1.5 m；阶长无一定标准,视地形情况 6~10 m；台阶面外缘培埂。整地时从坡下开始,先修下边的台阶,向上修第二台阶时,将表土下翻到第一台阶上,修第三台阶时再把表土投到第二台阶上,依此类推修筑各级台阶。水平阶整地适用于 15°~20° 的坡面,具有一定的改善立地条件作用,整地规格因地形条件可灵活掌握。水平阶整地多应用于砂石山区土层和风化程度较厚、具有植被覆盖的造林地。

台条田整地：在滨海盐碱地改良区,可采用筑台、条田的方法进行整地,宽一般为 30~70 m,台面四周高,里面低,便于拦截天然降水,并且有排水设施,尽可能降低土壤含盐量。

2. 块状整地

块状整地是在造林地上,按照一定的要求和规格块状地翻耕土壤。块状整地在各种立地条件的造林地均可采用,并且破土面小,对于保持水土作用较大,省工省力,灵活方便。块状整地更适宜于坡度陡、土层薄、地形破碎的退化山地以及经营条件较差的边远地区的荒山荒地。块状整地的方法有穴状、块状、鱼鳞坑整地等。

穴状整地：为圆形坑穴,穴面与原坡面持平或稍向内倾斜,穴径一般为 0.3~0.5 m,深 0.4 m。穴状整地主要运用于生态造林项目的盐碱地改良区,也可在退化山地植被恢复区根据小地形的变化灵活选定整地位置。一般按造林株行距确定穴间距离。坑穴间排列呈三角形,整地投工数量少,成本较低。

块状整地：为正方形或矩形穴状,穴面与原坡面持平或稍向内倾斜,边长 0.3~0.4 m,深度 0.3 m,外侧可培埂；在土层深厚的平原区边长可在 0.5 m 以上。块状整地破土面小,灵活性强,适于各种立地条件,具有蓄水保墙、保持水土的功能。在退化山地植被恢复区一般用于植被较好、土层较厚的坡面,在地形较破碎的地段,可采用小规格,地形较为完整的地段,可适当放大规格,供培育经济林或改造低价值林分用。

鱼鳞坑整地：坑穴为近似半月形的破土面,坑穴间排列呈三角形。挖坑时先把表土堆在坑的上方,把生土堆在坑的左侧或右侧,把石块和母质堆在坑的下方,将熟土和生土再填入坑内,坑穴的下方外缘用石块和母质做成半环状埂,埂高 0.1~0.2 m。坑穴的月牙角上要制成斜沟（引水沟）,以蓄积雨水。坑内侧可做成蓄水沟与引水沟连通。鱼鳞坑整地适用于退化山地植被恢复区,具有比较好的水土保持效果,鱼鳞坑整地主要用于退化山地坡度 25° 以上的坡地。

三、整地规格

造林整地规格主要是指整地的断面形式、深度、宽度、长度和间距等，这些指标都不同程度地影响着造林整地的质量。断面形式是指整地时翻垦部分与原地面构成的断面形状。整地的主要目的是更多拦蓄降水，增加土壤湿度，防止水土流失。整地深度对整地效果的影响最大，增加整地深度不仅有利于根系的生长发育，还有利于提高土壤的蓄水保墙能力。

（一）造林整地规格

1. 整地深度

整地深度是整地各种技术指标中最重要的一个指标。整地深度在改善立地条件方面作用显著，有助于为林木的生长发育创造适宜的环境。在确定整地深度时，主要考虑造林地的气候特点、立地条件和苗木根系大小。

2. 整地宽度

局部整地时的整地宽度，应以在自然条件允许和经济条件可能的前提下，力争最大限度地改善造林地的立地条件为原则。确定破土宽度一般需要根据下列条件。

发生水土流失的可能性。整地既是保持水土的措施，又是引起水土流失的原因，所以整地的宽度不宜过大。

坡度的大小。在陡坡，如果破土宽度太大，断面内切过深，土体不稳，容易塌陷，既费工，又造成水土流失。缓坡整地的宽度就可以大一些。

植被状况。在有植被覆盖的造林地上，杂灌木越高，遮荫范围越大，破土宽度也应越大，以保证幼林的地上部分和根系有较大的伸展余地，在与杂、灌、草的竞争中处于有利地位。

树种要求的营养面积，特别是经济林树种更要有较大的营养面积。

破土穴或带间的距离，主要根据造林地的坡度和植被状况等而定。在陡坡、植被稀少、水土流失严重的地方，带（或穴）间保留的宽度可以大些，原则上应使其保留带所产生的地表径流量能为整地带（穴）所容纳。

3. 整地长度

整地破土面积的长度，主要是指带状整地带的边长。在山地上，破土面的长度随地形破碎程度、裸岩分布和坡度而不同。一般地形越破碎，影响整地施工的障碍越多，破土的长度应越小，坡度越陡，破土面长度也应越小，因为在有些条件下，长度过大，破土面不易保持水平，反而会使地表径流大量汇集沿坡流下造成冲刷。破土面长度大些，有利于种植点的均匀配置。

4. 断面形式

破土面与原地面所构成的断面形式一般多与造林地区的气候特点和造林地的立地条件相适应。如为了更多地积蓄大气降水，减少蒸发，增加土壤湿度，破土面可低于原地面（或坡面），与原地面（或坡面）成一定角度，以构成一定的积水容积。

在退化山地项目区的整地中，除了以上需要注意的事项外，还涉及坑缘埂的有无及其规格等，一般在带（或穴）外缘修筑土埂有利于蓄水拦泥；在带中筑横埂有利于防止水流汇集。而在鱼鳞坑或穴状整地中，根据退化山地的情况，或在坑外缘修筑土埂，或直接利用整地过程中清理出的石块及坑周的石块，用石块在坑的周边堆砌石垣，以此达到拦蓄径流，增加就地入渗、减少水土流失的目的。

（二）不同穴状整地规格的水土保持效果

穴的规格越大，破土面越大，出土量多，弃土面（挖穴时从穴中挖出的土覆盖林地面积）越大，易引起的水土流失也越严重。据调查，在坡度为 25° 的坡面上，挖一个 50 cm × 50 cm × 40 cm 穴的弃土面积为 1.02 m² 左右，挖一个 40 cm × 40 cm × 30 cm 穴的弃土面积为 0.56 m²，而挖一个 30 cm × 30 cm × 20 cm 穴的弃土面积仅为 0.21 m²。如按造林密度 2 500 株 /hm² 计，挖 50 cm × 50 cm × 40 cm 穴的弃土面积为 2 550 m²/hm² 左右，相当于林地上 1/4 的面积都是浮土；挖 40 cm × 40 cm × 30 cm 穴的弃土面积为 1 400 m²/hm² 左右，挖 30 cm × 30 cm × 20 cm 穴的弃土面积仅为 525 m²/hm²。由此推算，挖 50 cm × 50 cm × 40 cm 穴的弃土面积是挖 40 cm × 40 cm × 30 cm 穴的弃土面积的 1.82 倍，是 30 cm × 30 cm × 20 cm 穴弃土面积的 4.86 倍；挖 40 cm × 40 cm × 30 cm 穴的弃土面积是 30 cm × 30 cm × 20 cm 穴弃土面积的 2.67 倍。因此，从水土保持的角度而言，在山地造林时，在保证苗木成活率的前提下，尽可能减小植穴规格，减少水土流失。退化山地植被恢复区的整地规格保持在 30 cm × 30 cm × 20 cm 至 40 cm × 40 cm × 30 cm。

四、整地方法

不同整地方法的破土面积与水土流失均有一定差异。其中穴状整地和鱼鳞坑整地破土面积小，不易引起水土流失，土方量小，减小了劳动强度，但由于穴状和鱼鳞坑坑小，在降水强度较大时容易造成水蚀。水平阶和水平梯田的破土面积大、土方量大、人工整地劳动强度大，易引起水蚀，但对强降水有很好的拦截作用。造林地的实际水土流失量的大小，会因破土面积大小、整地后坡度大小、坡面整地工程蓄水聚土能力大小等大幅度变化，是可以调控的。研究表明随着破土面积的增大，水土流失情况也会随之加大，因此在生产中应严格控制破土面积。

第三节　混交林营造与水土保持

一、混交林树种选择

（一）混交林树种选择的意义

混交林由于把不同生物学特性的树种进行混交，能够更充分利用营养空间，充分利用不同时期、不同层次范围内的光照、水分和各种营养物质。

主要优势在于：改善立地条件作用明显，混交林冠层厚，枯落物多，枯落物腐烂分解后改良土壤理化性状和土壤结构，提高土壤肥力；蓄水保土功能大，混交林冠层浓密，根系深广，枯落物丰富，涵养水源，保持水土的作用大；抗御火灾的能力强，营造混交林可以防止树冠火和地表火的蔓延和发展；病虫害轻微，有病有虫不成灾。

然而，混交林的这一切优势必须以树种的合理搭配为前提，如果树种搭配不当，就会导致某个树种被压制，甚至被排挤掉，以致使混交林变成纯林，混交林失败[①]。

（二）混交树种选择的原则

混交树种和主要树种之间具有不同生态要求，必须明确混交的目的及主要树种的生理生态学特性，然后提出一系列可能的混交树种，分析它和主要树种之间可能产生的种间关系，是否有利于达到混交的目的，以此作为选定混交树种的主要准则。不同根型的树种一起混交，一般希望混交树种稍耐荫，生长也较慢。从

---

① 林中兴.混交林营造与生态林业建设探析[J].农业灾害研究,2022,12(2):188-190.

这一点出发，混交树种必须具有促进主要树种生长、稳定的特性，或具有加强发挥全林分其他性能（防护作用、观赏价值等）的特性。

通过选择合适的混交树种，加快林木的生长与郁闭，增强地表覆盖，减少降雨对地表的打击与溅蚀，同时地表因积累众多的枯枝落叶层而增强蓄水保土与涵养水源的功能，减少水土流失。

为选择适宜的混交树种，一般应遵循以下原则。

1. 符合造林目的

营造混交林要根据造林目的来选择主要树种和伴生树种。如营造用材林要选择生长快、材质优良、生产力高的树种。在生态造林中则主要考虑生态防护功能强、稳定而长寿的树种，如乔木与灌木树种混交，对分散地表径流、固定土壤、防止侵蚀等方面有较大的作用。

2. 混交树种能充分利用光能

一般情况下，喜光树种常居林冠上层，中等耐荫树种居中层，耐荫树种居下层。林冠合理分层有助于提高林分生物量的积累，促进林分高产。因此，选择喜光树种和耐荫树种混交，常形成复层树冠，能充分利用地上空间和光照。复层树冠的形成，一方面，有利于截留降雨，减少到达地表的降雨量，减少地表径流形成的可能；另一方面，复层树冠通过林冠截留降低降雨的动能，减缓降雨对地表的打击和侵蚀，避免产生更大的水土流失。

3. 注意树种根型的差异

树木通过根从土壤中获取水分和养分，根型不同，根系分布的土层不同，可以更好地利用土壤中的水分和养分，避免互相竞争，深根性树种和浅根性树种之间的混交在土壤、水分、养分上分层吸收，避免同层土壤的相互竞争。深根性树种与浅根性树种在土壤内部相互交织，可以形成强大的根网，增强对土壤的固持能力和抗土壤侵蚀能力。

4. 有利于改善立地条件

林分地力的维持和提高取决于林木养分的归还量和林木养分的循环速度。由于针叶树种的落叶灰分少，难分解，所以针叶纯林不利于林分地力的维持和提高。而阔叶树叶灰分丰富，容易腐烂分解，某些固氮能力较强的树种，可以直接给土壤补充营养物质。因此，提倡营造针阔混交林，以便有效地改善林地的立地条件，控制水土流失的进一步发生。而且针阔叶混交林，既可改善立地，增强水分的入渗能力，减少地表径流的形成，又可通过枯枝落叶保蓄水分与土壤，达到水土保持的目的。

5. 树种间无共同的病虫害

选择树种时，应避免有共同病虫害的树种混交在一起，以便有效地防止其迅速地大面积蔓延，便于病虫害的防治。另外，在混交林中，病虫害的天敌较多，可以更好地发挥生物除害的作用，不但有利于减少病虫害的发生，还能减少防治费用，降低防治成本，保护环境，间接提高经济效益。良好生长且无病虫害的林分，可充分发挥其改良土壤、增加枯落物的能力，以此达到水土保持的目的。

二、混交方式与混交类型

（一）混交方式

混交树种确定以后，选择合理的混交方式是营造混交林成功的关键要素之一。混交方式乃是不同树种的植株在混交林中的配置方式。在实际生产过程中，混交方式归纳起来有株间混交、行间混交、带状混交、块状混交、星状混交和植生组混交，有的研究者也将上述混交方式归纳为四类，即株间混交（包括星状混交、零星混交）、行间混交（包括纯行与混交行交替、行内分组混交）、带状混交（包括宽带状混交）、块状混交（包括"品"字形混交、带状分组混交、不规则片状混交、植生组混交）。通过合理的混交方式，减少树木生长间的竞争与矛盾，加快林分的尽快郁闭，发挥其改良土壤与改善环境的功能，达到减少水土流失的目的。

1. 株间混交

株间混交是最灵活的混交方式，株间混交可以是行内隔株混交两个树种；也可允许一些树种采用较少的混交比例，隔几株栽一株，此时称为零星混交。株间混交时两个树种的种植点位置靠得很近，当种间有矛盾时，这种矛盾表现得最早，也最难于调节。

株间混交是最不理想的方式，而且混交关系不稳定，但如果树种选择得当，种间互助占主导地位，则此混交方式就最善于利用种间互助关系。株间混交除了不理想以外，还有施工麻烦的缺点，施工时要求较高的技术条件。因为此种混交方式形成的林分不稳定，水土保持效果不显著，因此林业工程项目中不用此种混交方式。

2. 行间混交

行间混交即每隔一行就换一个树种的混交。行间混交简化了造林工作，用这种方式混交时，种间关系表现较迟，当相邻行树种间发生矛盾时，行内已郁闭，因而比较稳定，来得及进行人为干涉。行间混交方式应用较广，要求技术条件不高，容易形成比较稳定的林分，该林分水土保持效果也比较好，因此在林业工程项目中常常采用此种混交方式。

3. 带状混交

带状混交时，一个树种连续栽几行（一般在3行以上）成一带，再换别的树种；当混交带行数多时，可称为宽带状混交。带状混交的主要意义在于抗风、防火及病虫害隔离。带状混交方式由于施工简便，较为安全，在生产上应用广泛。

4. 块状混交

块状混交分规则和不规则两种，用规则的块状混交时，把造林地划分成很多正方形（"品"字形混交）或长方形（带状分组混交）的块状地，在每个地块上按一定的株行距栽上一种树种，此方式也适用于种间矛盾较大的树种营造防护林和水土保持用材林。

块状混交时，具体块状混交林的大小应根据每一地块的坡度和土层厚度栽植适宜的树种，形成块状混交。在带状分组混交时，不一定把长方块先划好，而在造林地分带进行种植，在带内随地形等因子的变化而改换树种，因此更为灵活。

在小地形变化明显的造林地上可采用不规则的片状混交，因地制宜地达到适地适树及混交的目的。在滨海盐碱地改良区常常采用规则混交，而在退化山地植被恢复区则根据地形情况常采用不规则混交。

（二）混交类型

混交类型是根据树种在混交林中的地位及其生物学特性、生长类型等人为地搭配在一起而成的树种组合类型。通过人为地搭配树种，使得树种间尽可能地实现其营造林功能与目的，尽可能地减少树种间的资源分配竞争，使得树种能迅速生长、尽快覆盖地表，或者通过主要树种与伴生树种、主要树种与灌木树种形成复层林，减少降雨对地表的打击溅蚀和地表径流的冲刷侵蚀，达到水土保持的目的。混交类型主要有以下几种。

1. 主要树种与主要树种混交

这种类型的混交反映用材林和防护林中两种以上的目的树种混交时的相互

关系。两种或两种以上的主要树种混交，可以充分利用地力，同时获得多种经济价值较高的木材和更好地发挥其防护效益，如刺槐麻栎混交林、黑松五角枫混交林以及麻栎栾树混交林等。

2. 主要树种与伴生树种混交

这种类型的混交林林分生产率较高，防护性能较好，稳定性较强。主要树种与伴生树种混交多构成复层混交林林相，主要树种居第一林层，伴生树种位于其下，组成第二林层。如刺槐栾树混交林、刺槐黄栌混交林、麻栎黄连木混交林、麻栎黄栌混交林。复层林可起到良好的消洪减枯、涵养水源、保持水土的作用。

3. 主要树种与灌木混交

主要树种与灌木混交，种间矛盾比较缓和，林分稳定。混交初期灌木可以为乔木树种创造侧方庇荫、护土和改良土壤；林分郁闭以后，因在林冠下见不到足够的阳光，灌木便趋于衰老。在一些混交林中，灌木死亡，可以为乔木树种腾出较大的营养空间，起到调节林分密度的作用。主要树种与灌木树种之间的矛盾也易调节，因为灌木大多具有较强的萌芽能力，在其妨碍主要树种生长时，可以将地上部分砍去，使其重新萌芽。如侧柏紫穗槐混交林、黑松紫穗槐混交林、麻栎连翘混交林以及五角枫扶芳藤混交林等。

4. 主要树种、伴生树种与灌木混交

该混交类型反映由主要树种、伴生树种和灌木树种共同组成的混交林中的树种间相互关系，一般称为综合性混交类型。如刺槐黄栌扶芳藤混交林以及麻栎黄栌紫穗槐混交林等。

5. 针阔混交

该混交类型是侧柏刺槐混交、侧柏五角枫混交、侧柏栾树混交、黑松刺槐混交、黑松麻栎混交、黑松五角枫混交以及黑松栾树混交等。

三、造林密度

造林密度的大小对林木的生长、发育、产量和质量均有重大影响。相关国家标准如《造林技术规程》，提出了中国主要造林树种的适宜造林密度，随着标准修订，密度随之调整。又由于各地地域、气候条件及树种等因素的影响，造林密度有所不同。因此，营造人工林时必须从各自的实际出发，因地制宜，才能达到最佳效果，产生最佳效益。

（一）造林密度与林分的关系

1. 造林密度与林木生长的关系

造林密度和树木生长有着十分密切的关系，并不是密度越大树木生长得越快、产量越高。一般应遵循能适时郁闭、幼树生长良好为标准。其合理的密度应根据立地条件、树种生物学及生态学特性、造林目的、水土保持的需要、作业方式和中间利用的经济价值等的不同，因地制宜地确定，过稀过密都不妥当。只有根据树种的生长特性并结合当地条件选择适当的密度，树木才能在最短的时间内成林。

营造防护林只需考虑尽早发挥保持水土、涵养水源、防风固沙等防护作用，而营造用材林和经济林，既要考虑林木的生长速度，又要考虑到水肥供应，更要得到最佳的经济效益。在一定范围内林木生长随密度的减少而增大，若密度小，营养、水分相对来说比较充足，生长发育就好。反之，光照缺乏，抑制生长。但随着密度的减小，株数过少，整个林分的总产量会下降。

2. 造林密度与抚育的关系

造林密度的不同，会造成幼林抚育早晚不同，幼林抚育年限也就长短不一。密度大则幼林郁闭早，抚育期就短，可节省抚育经费开支。但郁闭快，幼林的分化和自然稀疏开始早，对于同龄林就需要进行间伐。而抚育伐次数增多，当然投资也会增加，增大作业费用。当造林密度大时，不及时间伐或调整密度，会导致林分生长量下降，对林分的产量、质量以及保持水土、涵养水源、防风固沙等防护效果均有严重的影响。

（二）造林密度与水土保持的关系

造林密度大，可使林木能够在较短的时间内尽可能郁闭，能在一定程度上减少水土流失，但影响林木的生长、材质及增加后期的抚育费用；造林密度小，林木生长稀疏，影响林分的蓄积量、材质与单位面积的生态系统服务价值，但有益于林木下方草本植物与灌木的生长，增强地表覆盖，增加水土保持功能。因此，应在考虑密度对林木生长、发育、产量与质量的基础上，顾及减少水土流失对密度的要求，即应采取保障单位面积生产力不下降，同时使得林木生长尽可能不影响林下草被的生长发育的密度，只有这样才能既获取较好的生态效益与保持水土的效果，又能获得较好的生产功能与经济效益。

（三）确定造林密度的原则

1. 根据造林目的、林种确定密度

不同的造林目的要求的造林密度也不同。防护林的密度应大些，一般可采用株行距 2 m×2 m 或 3 m×3 m 的造林密度；用材林的密度应小些，一般可采用株行距 3 m×3 m 或 3 m×4 m 的造林密度；经济林的造林密度应适当减小，有利于通风透光，保证树体的生长及果实成熟，更有利于果实的丰收，可用株行距 3 m×5 m 或 4 m×6 m 的造林密度。

2. 根据树种特性确定造林密度

不同的树种有不同的生长特性，造林时要根据树种的生物学特性确定造林密度。喜光、速生、分枝多的树种，造林密度可稀一些，耐荫、生长慢、分枝少的树种，密度可以大些。

3. 根据立地条件确定造林密度

立地条件的好坏是林木生长快慢最基本的条件。立地条件影响树木生长的速度。通常立地条件差，造林密度应密一些，立地条件好的，造林地密度应稀一些，可提高单位面积的森林覆盖率。

4. 根据林种确定造林密度

如薪炭林以生产全株生物量为目标，一般宜密。用材林以生产干材为目标，密度宜适中。许多经济林以生产果实为主要目标，要避免树冠相接，一般宜稀。同为用材林，以培育中小径级材为目标的人工林宜密，而培育大径级材为目标的人工林宜稀。

5. 根据造林成本和经济收益确定

造林密度大，则造林成本高。造林的经济收益包括中间利用的收益及主伐利用的收益。在林农间作的情况下还应包括间作物的收益。

第四节　幼林抚育与水土保持

幼林抚育，是从造林后至郁闭以前这一时期所进行抚育管理技术的统称，包括土壤管理技术和林木抚育技术，以及幼林保护等。抚育是人工林幼林管理的重要措施，也是影响水土保持情况的重要因素。

新造的幼林，在其生长发育初期，一般要经历适应造林地的环境，恢复根系和生根发芽，逐渐加速生长，直至树冠相接进入郁闭阶段。造林后的初年，苗木以独立的个体状态存在，树体矮小，根系分布浅，生长比较缓慢，抵抗力弱，许多不良外界环境因素会对其生存构成威胁，因此在这个时期应及时采取相应的抚育措施，改善苗木的生活环境，排除不良环境因素的影响，对提高造林成活率、保存率，促进林木生长和加速幼林郁闭，具有十分重要的意义。

幼林抚育管理的任务在于通过土壤管理创造较为优越的环境，满足苗木、幼树对水分、养分、光照、温度和空气的需求，使之生长迅速、旺盛，并形成良好的干形，保护幼林使其免遭恶劣自然环境条件的危害和人为因素的破坏。在造林生产实践上一定要避免"只造不管"或"重造轻管"，以致严重地影响了造林的实际成效，极大地浪费了人力、物力、种苗，延误了造林绿化进程，还挫伤了群众的造林积极性。

一、松土除草

松土除草是幼林抚育措施中最主要的一项技术。松土的作用在于疏松表层，切断上下土层之间的毛细管联系，减少水分物理蒸发，改善土壤的保水性及透水性，促进土壤微生物的活动，加速有机质分解。但是不同地区松土的主要作用有明显差异，干旱、半干旱地区主要是为了保墒蓄水；水分过剩地区在于提高地温，增强土壤的通气性；盐碱地则为减少春秋季返碱。因此，松土可以全面改善土壤的营养状况，有利于苗木成活和幼树生长。[①]

除草的作用主要是清除与苗木、幼树竞争的各种草本植物，以此减少杂草对土壤水分、养分和光照的竞争，保证苗木度过成活阶段并迅速进入旺盛生长。

松土除草一般同时结合进行，也可根据具体情况单独进行。松土除草的持续年限、每年松土除草的次数应根据造林地区气候条件、造林树种、立地条件、造林密度和经营强度等具体情况而定。一般多从造林后开始，连续进行 3~5 年的抚育，直到幼林郁闭为止。生长较慢的树种应比速生树种的抚育年限长些。造林地越干旱，抚育的年限应越长，气候、土壤条件湿润的地方，也可在幼树高度超过草层高度（约 1 m）不受压抑时停止。造林密度小的幼林通常需要较长的抚育年限。

① 高鹏飞. 幼林抚育工作探究 [J]. 广东蚕业, 2022, 56(1): 127-129.

松土除草次数及其在各年的分配，可根据下列情况灵活地加以掌握：采用播种方法营造的人工林，营造速生丰产林、经济林，松土除草的次数可多些；以及经过细致整地，植被尚未大量滋生的幼林地，可以适当减少抚育次数，甚至暂时不抚育，待杂草等植被增多时再进行，并适当增加次数；幼树根系分布浅的树种，造林后的一两年，可酌情减少次数。

松土除草的时间须根据杂草的形态特征和生长习性，造林树种的年生长规律和生物学特性，以及土壤的水分、养分动态确定。一般以能够彻底地清除杂草，并扼杀其再生能力，能够最大限度地促进林木生长，以及能够充分利用营养有效性大的时期为宜。

松土除草的方式应与整地方式相适应，也就是全面整地的进行全面松土除草，局部整地的进行带状或块状松土除草。松土除草的深度，应根据幼林生长情况和土壤条件确定。造林初期，苗木根系分布浅，松土不宜太深，随幼树年龄增大，可逐步加深；土壤质地黏重、表土板结，而根系再生能力又较强的树种，可适当深松：特别干旱的地方，可再深松一些。总之是里浅外深；树小浅松，树大深松；沙土浅松，黏土深松；土湿浅松，土干深松。一般松土除草的深度为 5 ~ 10 cm，加深时可增大到 15 ~ 20 cm。

在松土除草时，一定要考虑对水土保持的影响。当大面积除草时，相当于进行了全面的地面清理，使得地面缺少覆盖，可能就会造成水土流失，因此，无论在退化山地还是滨海盐碱地，林业工程项目提倡株间、穴内松土除草和扩穴松土除草。除在幼树附近进行松土除草外，还可将苗木外围的灌木、草本砍割收拢后围靠于苗木种植穴外沿，或覆盖在苗木周围已锄过的土面上，这样可以减少种植穴水分蒸发，保墒、增肥，而且还可阻挡地表径流，减少径流的数量并缓冲径流的速度，同时还能起到拦截向下坡推移泥土的作用，大大减少新造林地的水土流失。此外，应避免在多雨季节进行抚育，特别是不要在大雨、暴雨、持续降雨到来前进行抚育，否则会增加新造林的水土流失。

二、水肥管理

人工林灌溉是造林时和林木生长过程中人为补充林地土壤水分的措施。灌溉对提高造林成活率、保存率，提早进入郁闭，加速林分生长，实现速生丰产优质和增强保持水土、防风固沙等防护效果，以及促进林木结实具有重要意义。灌溉具有增加林地及其周围地区空气相对湿度、降低气温的明显作用。灌溉还可以洗盐压碱，改良土壤，使原来的不毛之地适于乔灌木树种生长。造林时进行灌溉，可以提高造林成活率。但是，由于造林工作大多集中在地形复杂的丘陵山地或土壤条件比较恶劣的地区，再加上经济、技术、水源等条件的限制，使得灌溉的应用受到限制。

灌溉必须选择适当的灌水量。灌水量过大，水分来不及迅速渗入土体，造成地面积水和水土流失，恶化土壤理化性质，还会浪费大量灌水；而灌水量过小，地面湿润程度不一致。确定灌水量应以土壤渗透性能、灌沟长度或畦面条幅长度、灌溉定额，以及规定的灌溉时间为依据。一般用材林和防护林的灌水量，取决于林木的需水系数、林木适宜生长的湿度、土壤蒸发量及植物蒸腾量的变化、降水量及其利用系数以及土壤理化性质、湿度条件等。

一般认为，绝大部分树种，以土壤含水量保持在相当于田间持水量的60%~70%时生长最佳。半干旱、半湿润地区一般每年灌溉2~3次，最低限度1次，灌溉的时间应注意与林木的生长发育节奏相协调，如可在树木发芽前后或速生期之前进行，减轻春旱的不良影响；灌水次数较多的干旱、半干旱地区，可在综合考虑林木生长规律和天气状况的基础上加以安排，除在树木发芽前后、速生期前灌水并适当增加次数外，如夏季雨水偏少的年份，可实行间隔时间不要过长的定期灌水，以保持林木连续速生。

人工林的灌溉方法有漫灌、畦灌、沟灌、穴灌等。坡度较大的丘陵山地，一般应尽量利用天然的地表水蓄积后进行穴灌，如有条件可进行引水灌溉或采用滴灌、喷灌（特别是经济林），但要注意防止水土流失。

施肥是造林时和林分生长过程中，改善人工林营养状况和增加土壤肥力的措施。施肥具有增加土壤肥力，改善林木生长环境、营养状况的良好作用，通过施肥可以达到加快幼林生长、提高林分生长量、缩短成材年限、促进母树结实以及控制病虫害发展的目的。

人工林施肥使用的肥料种类有有机肥料、无机肥料以及微生物肥料等。有机肥料含有大量有机质，养分完全，肥效期长，但肥效迟，特别是施用量大，在山地运输需要较多的人力、车辆和工具，因而最好利用造林地上的灌木、杂草枝叶就地制肥施用。无机肥料，包括复合肥料，养分含量高，肥效发挥快，但肥效期短，且易挥发淋溶或被固定而失效。

施肥量可根据树种的生物学特性、土壤贫瘠程度、林龄和施用的肥料种类确定。但是由于造林地的肥力差别很大，各树种林分的养分吸收总量和对各种营养元素的吸收比例不尽相同，同一树种在不同龄期对养分的要求也有差别。

施肥方式以人工施肥为主，即在造林时将肥料（如有机肥料）均匀撒布在造林地上，然后整地翻入土中，或在栽植时将肥料（如化学肥料）集中施入行间、穴内，并与土壤混合均匀。在林木生长过程中，可采用将肥料直接撒布于地表的撒施方法，也可采用在相当于树冠投影范围的外缘或种植行行间开沟施入肥料的沟施方法。施肥的时期应以3个时期为主，即造林前后、全面郁闭以后和主伐前数年。

通过栽苗时施足基肥、栽植后幼林抚育时追施复合肥等手段，可有效改善林木营养根系周围的养分供应条件，加快林木早期的速生生长，使苗木生长良好，提前郁闭，防止土壤侵蚀与地表径流的流失，提高林木的抗抑性，以及促使微生物活动旺盛。郁闭后施肥，有利于抚育后树势的恢复，促进生长，增加蓄积量，增加叶量，加速有机质分解，而土壤的改良与枯枝落叶量的增加都有利于地表径流的就地入渗，减少水土流失，增强其蓄水保土能力。

三、修枝

修枝是对幼树进行修剪的一种技术措施。修枝的主要作用是：增强幼树树势，特别是树高生长旺盛，增加主干高度和通直度，提高干材质量；培养良好的冠形，使粗大侧枝分布均匀，形成主次分明的枝序。

不同分枝类型的树种，应采用不同的修枝方法。单顶分枝类型的树种（如杨树、香椿、核桃等）顶芽发育饱满、良好，越冬后能够延续主梢的高向生长，一般不必修枝。合轴分枝类型的树种（如白榆、刺槐、柳树等）顶芽发育不饱满或越冬后死亡，翌年由接近枝梢上部的叶芽代替而萌发形成新枝，因而，这一类树种的主干弯曲低矮，分权较多，修枝方法如下列举两例。

刺槐可在冬季将树干修剪到一定高度，控制树冠长度与树干长度比例，一般以2～3年生时保持3∶1，4～5年生时保持2∶1为宜，在立地条件中等的地方培养小径材，留干高度以保持3～5 m为宜，并适当剪除部分徒长枝、过密的细弱枝和下垂枝。夏季疏去树冠上部的竞争枝和直立枝，以及树冠中部约半数的侧枝，以压强留弱，保证主梢的优势。

白榆的整形修枝可采取"打头修枝"，即"冬打头，夏控侧，轻修枝，重留冠"的方法。秋季树木落叶后至翌春发芽前，将当年生主枝剪去其长度的1/2，同时完全剪掉剪口下的3~4个侧枝，其余侧枝剪去长度的2/3。夏季剪去直立强壮的侧枝，以防其成为主梢的竞争枝。随年龄增长，不断调整树冠长度与树干高度的比例，进行轻度修剪，当达到定干高度后，即不必再修剪，以利于树冠冠幅的扩大。

通过适度、适量、适时修枝，减少病虫害枝、生长衰弱枝、霸王枝，保障树木的良好生长，加快林分郁闭，增加树冠对降雨的截留及枯落物对地表土壤的有效覆盖，减少对水土流失的影响，达到保持水土的目的。

第六章　森林火灾预防

第一节　森林火灾的发生及危害

一、森林火灾的发生

森林火灾在全世界范围内的频繁发生，会对自然生态系统造成严重破坏，并对人民生命财产安全构成严重威胁。森林火灾被公认为世界八大自然灾害之一。

全世界每年平均发生森林火灾 20 多万次，烧毁森林面积约占全世界森林总面积的 1‰以上；中国每年平均发生森林火灾 1 万多次，烧毁森林几十万至上百万公顷，占全国森林面积的 5‰~8‰。2020 年四川凉山州木里县发生"3·30"森林火灾，在扑救过程中突发林火爆燃现象，多名森林消防指战员和地方扑火队员牺牲，引起了各方的高度关注。

加大森林火灾防控力度，减少森林火灾发生，特别是减少人员伤亡的发生，是目前我国维护生态安全、保护人民群众生命安全、促进生态文明建设所面临的主题和难题之一[①]。

二、森林火灾的危害

森林火灾一旦发生，往往会造成不可估量的损失，不仅破坏生态环境，而且还会威胁到人民的生命财产安全。

烧毁林木及林下植物资源。通常森林火灾对树木的危害最大，大火会将树木烧伤或者烧毁。这样一来，森林面积将会大幅减少，而且也不利于森林的正常生长以及发育。虽然森林为一种可再生资源，但是生长周期较长。火灾之后，往往需要花费很长的时间才能恢复，所以这严重破坏了生态环境。此外，一些森林中还涵盖许多野生植物资源。森林大火会烧毁这些珍贵的野生植物，或由于火灾改

---

① 楚艳萍,姜瑶,王旭.森林火灾危害及其预防措施[J].北京农业,2015(36):117–118.

变其生存环境，从而大大减少数量，甚至濒临灭绝。

对野生动物造成危害。森林是各种野生动物赖以生存的家园。在发生森林火灾之后，将破坏野生动物原有的生存环境。严重的森林火灾甚至直接会直接导致野生动物被火烧死。由于大火和其他原因导致的森林破坏，有些动物物种变得越来越少。

对森林土壤造成危害。一是森林火灾使土壤物理性质变劣，森林火灾会烧掉土壤有机物质，破坏土壤团粒结构，降低土壤保水性，使土壤结构变得紧密，透水性减弱。与此同时，森林火灾过后，林中空地增多，林内光线增强，林地表面存有大量木炭和灰分，使得土壤温度升高，加速林地土壤干燥，不利于土壤天然更新。二是森林火灾使土壤养分流失，发生森林火灾时的温度可达 800～900℃，大火烧掉土壤的腐殖质，使氮全部损失，无机盐（钙、磷、钾）变为可溶性，易被水冲走或淋洗到土壤下层造成损失。三是森林火灾使土壤生物和微生物数量减少，森林火灾造成大量生物和微生物死亡。

对人们生活和生产的危害。森林火灾能烧毁林内各种建筑物和生产生活资料，甚至威胁森林附近的村镇、生产点和其他居住点的安全。因扑救森林火灾需要动用飞机、汽车及其他机具，所耗费的大量物资和动用的大量人力，给国民经济带来巨大的损失。与此同时，在扑救森林火灾过程中也可能造成人员伤亡。

森林火灾是最为严重的灾害和公共危机事件之一，同时也是通过有效处置可以避免成灾的，关键是森林火灾的预防和处置措施需要到位、得力。因此，高度重视和加强森林防火工作，对于保障人民群众生命财产安全、维护生态安全和社会稳定，具有重大的现实意义。

森林火灾的发生不是偶然现象，有它自身的规律，是在一定条件下才能发生的，且引起森林火灾的火源主要是人为用火，因此火灾是可以预防的。森林防火是一项政策性、科学性很强的工作，必须坚持森林防火行政领导负责制，加强政策法令的宣传教育，加强组织制度和防火设施的建设，提高预防和控制火灾的能力。

我国森林防火工作实行"预防为主、积极消灭"的方针。预防是森林防火的前提和关键，消灭是被动手段和挽救措施，只有把预防工作做好了，才有可能不发生森林火灾或少发生森林火灾。

第二节　森林火灾预防的行政措施

一、做好宣传教育，实现依法防护

开展宣传教育，是预防森林火灾的一项有效措施，是一项很重要的群众防火工作。通过各种形式的宣传教育活动，可以提高广大人民群众的思想觉悟，增强遵纪守法、爱林护林的自觉性[①]。

（一）做好宣传教育，提高全民防火意识

森林防火是一项社会性、群众性很强的工作，它联系着千家万户，涉及林区每个人。只有因地制宜，针对当地实际，开展各种形式的宣传教育，才能使林区广大群众养成护林防火的自觉性，形成护林光荣、毁林可耻的良好风尚。

宣传教育的目的是不断强化全民的森林防火意识和法治观念，提高各级领导对做好森林防火工作重要性的认识和责任感，使森林防火工作变成全民的自觉行动。使进入山区的人员具有爱林护林的责任感，自觉做好森林防火工作。做到入山不带火，野外不用火，一旦发现火情，要积极扑救，并及时报告。

宣传教育的内容主要包括：一是宣传国家森林防火工作的方针、政策，宣传森林防火法律规定；二是宣传森林的作用和森林火灾的危害，树立护林为荣、毁林可耻的新风尚；三是宣传森林防火有关制度、办法，宣传森林防火的先进典型和火灾肇事的典型案例，提高广大群众护林防火的积极性和自觉性；四是宣传预防和扑救森林火灾的基本知识。

宣传教育的形式主要包括：林区设置防火标语牌、标语板、宣传栏等永久设施。标语牌、宣传栏要设置在入山要道口、来往行人较多的地方，如公路道口、汽车站、林场、工程造林项目区，以及林区村屯附近最引人注目的地方，制作要讲究艺术，色调要鲜明，图案要生动活泼、绘制清晰；通过各种会议宣传，如利用干部会、生产会、交流会、妇女会、民兵会、群众会、座谈会、训练班等；利用各种文字宣传，如布告、条例、办法、规定、通知、小册子、报刊、墙报、黑板报、标语、对联等；利用各种文艺形式宣传，如宣传画、连环画、电影、话剧、

---

① 陈勇.新形势下森林火灾预防问题探究[J].南方农业，2021，15(9)：86-87.

歌曲、快板、相声、说唱、对口词等；开展群众性的爱林护林运动，如开展无森林火灾竞赛运动、爱林护林签名运动等。

总之，宣传教育要做到"三结合"，即宣传声势与实效结合、普遍教育与重点教育结合、正面教育与法制教育结合。

（二）贯彻落实法律法规，实现依法防护

认真宣传和贯彻落实最新修订的《中华人民共和国森林法》（以下简称《森林法》）和《中华人民共和国森林防火条例》（以下简称《森林防火条例》），强化森林防火执法和监督工作，提高全民森林防火法治理念，确保森林防火工作健康开展。

《森林法》是森林的根本大法，是做好森林防火工作的切实保证。《森林法》规定"保护森林，是公民应尽的义务"，并就森林保护问题专辟一章。《森林法》第四章"森林保护"中第三十四条规定，"地方各级人民政府负责本行政区域的森林防火工作，发挥群防作用；县级以上人民政府组织领导应急管理、林业、公安等部门按照职责分工密切配合做好森林火灾的科学预防、扑救和处置工作：（一）组织开展森林防火宣传活动，普及森林防火知识；（二）划定森林防火区，规定森林防火期；（三）设置防火设施，配备防灭火装备和物资；（四）建立森林火灾监测预警体系，及时消除隐患；（五）制定森林火灾应急预案，发生森林火灾，立即组织扑救；（六）保障预防和扑救森林火灾所需费用。国家综合性消防救援队伍承担国家规定的森林火灾扑救任务和预防相关工作。"

因此，要认真宣传、坚决执行国家的法律法规，实现依法治林，做好森林防火工作。

二、严格管理火源，消除火灾隐患

发生森林火灾必须具备三个基本条件：可燃物（包括树木、草灌等植物）是发生森林火灾的物质基础；火险天气是发生森林火灾的重要条件；火源是发生森林火灾的主导因素，三者缺一不可。可燃物和火源可以进行人为控制，火险天气也可进行预测预报进行防范。当森林中存在一定量的可燃物，并且具备引起森林火灾的天气条件时，森林能否着火，关键就取决于火源，因此在这种情况下，火源是林火发生的必要条件。研究火源，管好火源，是预防森林火灾的关键，对控制森林火灾的发生有着重要意义。

（一）火源种类

一般可将火源分为天然火源和人为火源两大类。

1. 天然火源

天然火源因一些难以控制的自然现象而产生，如雷电火、火山爆发、陨石坠落、泥炭发酵自燃、滚石火花、地被物自燃等。天然火源发生的森林火灾在全国各类火源中比重不大，约占1%。各种天然火源发生森林火灾的情况因地区而不同。

2. 人为火源

人为火源又可分为生产性火源、生活性火源（非生产性火源）和其他火源。人为火源是引起森林火灾的主要火源，据统计我国人为火源发生森林火灾的比重约占99%。

生产性火源：由于农林牧业、林区副业生产用火，或工矿交通企业用火，引起森林火灾的火源，属于生产性火源。如烧荒烧垦、烧灰积肥、烧田边地角、火烧牧场、烧炭、机车喷火、制烤胶、狩猎、炼山造林、火烧防火线等。我国生产性火源比重相当大，一般占60%～80%，甚至有些地区还在90%以上，是造成森林火灾较为普遍的一类火源。

生活性火源。由于群众生活和其他非生产上的用火，引起森林火灾的火源，属于非生产性火源。如吸烟、迷信烧纸，烤火、打火把、野外烧饭烧水、驱蚊、灰烬等。生活性火源在某些地区，也是造成森林火灾较为普遍的一类火源。

其他火源。如坏人放火、有意纵火和一些人员玩火，以及其他不明火源。

（二）火源分布与分析

1. 火源分布

我国地域辽阔，各地区由于自然条件和社会状况有明显差别，引起森林火灾的火源也有很大差异。

2. 火源分析

火源分析的主要内容有：火源出现的时间、地点，火源发生时的天气、气象条件及植被、社会等情况。一个地区的火源不是固定不变的，而且随着时间、国民经济发展以及群众觉悟程度的变化而转变，并将又有新型火源产生和某些火源绝迹。火源出现的形式是多种多样的，查明火源、研究火源、严格控制火源是预防森林火灾的有效途径。通过火源分析，掌握火源发生的时间和地点，以及各种火源发生的条件，并采取一定的预防措施，就能有效地预防森林火灾的发生。

火源随时间、季节、地点而变化，表现为区域性、时令性、流动性和常年性等特点。不同地区的各种火源在一年当中，不同的月份出现的频率不一样，同一火源在不同月份的出现频率也不一样。例如，山东省在整个防火期中都可能出现吸烟火源（常年性），春秋季多为烧田边地角火源（时令性），上坟火源主要出现在清明节期间，即4月5日或前后几天内（时令性、区域性）。

（三）不同火源的管理措施

1. 生产用火管理

在野外和林内进行的生产用火，如烧荒、烧地堰、放炮采石等，是发生山火的主要火源。控制这些火源的措施。

改变野外生产用火方式。对于野外可不用火生产的，尽量不用火，以减少引起森林火灾的机会。如烧地堰等用火可用铲除地堰草来代替，因为在林地附近烧地堰极为危险，遇风造成的火星或火舌极易引起森林火灾。

认真执行各地规定的野外用火制度。严格执行"六不烧"的用火规定，即领导不在场不烧，久旱无雨不烧，三级以上风不烧，没开好防火线不烧，没组织好扑火人员不烧，没准备好扑火工具不烧。对于必要的生产用火，必须在防火戒严期前烧完，进入戒严期一律禁止用火。用火要做好防火措施，认真执行用火审批制度，用火单位必须做到：在用火前，将用火时间、地点、面积和防火措施等报请上一级森林防火组织审查批准；经审查批准后，要有领导有组织地进行，并配扑火人员、携带扑火工具，对火场上坡、迎面风、转弯、地势不平及杂草灌木茂密地方分别进行戒备；在用火地段的周围要开好10 m以上宽的防火带；用火前要事先与气象部门联系，选择风小天气的早晨进行；根据地形地势，采取不同的点火方式。如果地形比较平，火应由外向里，迎风点燃，逐片焚烧，不得点顺风火，以免风速快，飞火成灾；如果是斜坡，不得点"冲火"（即由山下点火向山上烧），应从山上均匀点火向山下烧；要做到火灭人离，用火完毕，必须留下一定人员检查火场，打灭余火，待余火彻底熄灭后，才能全部离开，以防死灰复燃，蔓延成灾。

2. 生活用火管理

主要包括野外生活用火、吸烟和迷信活动用火等火源。不同生活用火要采用分类管理的措施。

进入林区生产作业和搞副业人员生活用火的管理。一是野外固定生产作业人员必需的生活用火，要采取严格的管理措施，即必须有专人负责；选择靠河、道路等安全地点；周围打好防火线，设置防风设施；备好扑火工具，再进行用火。二是对入山搞副业人员的生活用火，要采取严格控制措施，对于无组织的人员，防火期间一律禁止入山。

野外吸烟的管理。一是经常加强对入山人员的森林防火教育，特别是对外来人员和经常在外活动的人员，更要加强教育；二是加强对入山人员的吸烟用火管理，严格检查，坚决制止非生产人员和通行人员带火入山，禁止野外吸烟。

上坟烧纸、烧香等迷信用火的管理。一是在清明节前组织宣传队、出动宣传车，进行宣传教育，倡导文明的祭扫方式；二是在通往墓地的路口增设临时检查岗卡；三是在墓地附近设置流动哨加强火源管理。

3. 雷击火预防

雷击火的预防是一个世界性的难题。目前预防雷击火的方法主要有：加强雷击火的预测预报工作；加强雷击火的监测，做到及早发现，及时扑救。

三、建立防火组织，健全防火制度

建立各级森林防火组织和健全森林防火制度，是做好森林火灾预防工作的有力保障。

（一）建立森林防火组织，实现专群结合

建立健全森林防火组织，是做好森林防火工作的组织保障。

为进一步加强对森林防火工作的领导，完善预防和扑救森林火灾的组织指挥体系，充分发挥各部门在森林防火工作中的职能作用，国家森林防火指挥部（现调整为国家森林草原防灭火指挥部）成立。

据最新修订的《国家森林防火指挥部工作规则》，国家森林防火指挥部负责组织、协调和指导全国的森林防火工作，主要职责是：贯彻执行党中央、国务院的决策部署，指导全国森林防火工作和重大、特别重大森林火灾扑救工作，协调有关部门解决森林防火中的问题，检查各地区、各部门贯彻执行森林防火的方针政策、法律法规和重大措施的情况，监督有关森林火灾案件的查处和责任追究，决定森林防火其他重大事项。

地方各级人民政府根据实际需要，组织有关部门和当地驻军设立森林防火指挥部，负责本地区的森林防火工作。县级以上森林防火指挥部应当设立办公室，配备专职干部，负责日常工作。地方各级森林防火指挥部的主要职责：一是贯彻执行国家森林防火工作的方针、政策，监督森林防火条例和有关法规的实施；二是进行森林防火宣传教育，制定森林防火措施，组织群众预防森林火灾；三是组织森林防火安全检查，消除火灾隐患；四是组织森林防火科学研究，推广先进技术，培训森林防火专业人员；五是检查本地区森林防火设施的规划和建设，组织有关单位维护、管理防火设施及设备；六是掌握火情动态，制定扑火预备方案，统一组织和指挥扑救森林火灾；七是配合有关机关调查处理森林火灾案件；八是进行森林火灾统计，建立火灾档案。

未设森林防火指挥部的地方，由同级林业主管部门履行森林防火指挥部的职责。

1. 建立专业护林组织

林区的国营林业企业事业单位、部队、铁路、农场、牧场、工矿企业、自然保护区和其他企业事业单位，以及村屯、集体经济组织，应当建立相应的森林防火组织，在当地人民政府领导下，负责本系统、本单位范围内的森林防火工作。森林扑火工作以发动群众与专业队伍相结合为原则，林区所有单位都应当建立群众扑火队，并注意加强训练，提高素质；国营或国有林场，还必须组织专业扑火队。

有林的和林区的基层单位，应当配备兼职或者专职护林员。护林员是林业局、林场专业护林队伍的成员，在森林防火方面的具体职责是：巡护森林、管理野外用火、及时报告火情、协助有关机关查处森林火灾案件等。

2. 建立联防组织

在行政区交界的林区，有关地方人民政府应当建立森林防火联防组织，商定牵头单位，确定联防区域，规定联防制度和措施，检查、督促联防区域的森林防火工作。

3. 建立防火检查站

地方各级人民政府和国营林业企业事业单位，根据实际需要，可以在林区建立森林防火工作站、检查站等防火组织，配备专职人员。森林防火检查站的设置，由县级以上地方人民政府或者其授权的单位批准。森林防火检查站有权对入山的车辆和人员进行防火检查。

（二）健全森林防火制度，强化规范管理

《森林防火条例》规定："森林防火工作实行地方各级人民政府行政首长负责制""森林、林木、林地的经营单位和个人，在其经营范围内承担森林防火责任"。建立一系列完善的森林防火规章制度，是森林防火工作规范化管理的有力保障。

1. 行政区域负责制

地方各级人民政府要负责做好本行政区域内的森林防火工作，加强森林防火工作领导，及时研究、部署森林防火工作，检查与督促森林防火工作开展情况。

2. 单位系统负责制

林区机关、团体、学校、厂（场、矿）、企事业单位，应认真贯彻执行有关森林防火政策法令，教育本系统人员，遵守森林防火规定，积极开展森林防火工作。

3. 分片划区责任制

社区与社区之间，村屯与村屯之间，单位与单位之间，划分区域，分片包干管理，做好本区域、本片森林防火工作。

4. 入山管理制度

森林防火期为了防止森林火灾、保障森林安全，制止乱砍滥伐、保护稀有和珍贵动植物资源，应建立入山管理制度。在入山要道口设岗盘查，对入山人员严加管理，凡没有入山证明者禁止入山。对于从事营林、采伐的林区人员以及正常入山进行副业生产的人员，凭入山证进山，要向他们宣传遵守防火制度，不得随意用火。

5. 建立联防制度

森林防火工作涉及两个以上行政区域的，有关地方人民政府应当建立森林防火联防机制，确定联防区域，建立联防制度，实行信息共享，并加强监督检查。

6. 制定森林防火公约

根据国家森林防火法律规定，结合群众利益，制定群众性森林防火公约，共同遵守，互相监督。

7. 制定奖惩制度

《森林法》和《森林防火条例》作了明确规定。森林防火有功者奖，毁林纵

火者罚。凡认真贯彻森林防火方针、政策，防火、灭火有功的单位和个人给予精神和物质奖励；对于违反森林防火法律规定的肆意弄火者，要根据情节轻重给予批评教育或依法惩处。

第三节　森林火灾预防的技术措施

一、林火监测系统工程建设

林火监测的主要目的是及时发现火情，它是实现"打早、打小、打了"的第一步。通过林火监测系统工程建设，及早发现初发的森林火灾，以便及早组织扑救，避免因贻误时机而发展成为重大森林火灾，从而减少森林火灾的损失。林火监测通常分为地面巡护、瞭望台定点观测、视频瞭望监控、航空巡护和卫星监测[①]。

（一）地面巡护

由护林员、森林警察等专业人员执行。方式有步行、骑摩托车巡护等。其主要任务是：进行森林防火宣传、清查和控制非法入山人员；依法检查和监督森林防火规章制度执行情况；及时发现报告火情并积极组织森林火灾扑救等。

（二）瞭望台定点观测

利用瞭望台登高望远来发现火情，确定火场位置，并及时报告火情。这是我国大部分林区采用的主要监测手段之一。

（三）视频瞭望监控

建立视频瞭望监控是为了减轻火情瞭望监测的工作强度，提高瞭望监测水平和火情的观察能力，这是目前我国大部分林区采用的主要监测手段之一。

1.视频监控系统的组成

该系统由前端信息采集、无线网络传输、智能控制软件系统和后端的监控指挥中心四部分组成。总体的管理权集中在林区的监控管理指挥中心，林区监控管理指挥中心系统提供整个系统的图像显示、远程控制功能，向指挥调度人员提供全面、清晰、可操作、可录制、可回放的现场实时图像。林区监控管理指挥中心

---

① 周家国.浅谈预防森林火灾的主要营林技术措施[J].民营科技，2015(7)：208.

系统还具有向上级林业主管部门接口的功能。

2. 视频瞭望监控的作用

视频瞭望监控以直观、真实、有效而被广泛应用在许多重点防范地区，能在森林发生火灾前及时发现火情，从而起到预防火灾的目的。

而且，这项技术可以在森林发生火灾时把现场的图像传回指挥中心，指挥中心通过电视监控的画面指挥调度救火，最大限度地减小火灾造成的损失。

与此同时它还能真实记录火灾发生前、救火过程中以及救火以后现场的情况，从而对火灾进行处理，提供真实有效的资料。

（四）航空巡护

航空巡护是利用飞机沿一定的航线在林区上空巡逻，观察并及时报告火情。这是航空护林的主要工作内容之一，对及时发现火情、全面侦察火场起着极为重要的作用。

（五）卫星监测

卫星监测，就是利用人造卫星空间平台上的光电光谱或微波传感器，对地球地物遥测的信息源，通过地面接收站接收及图像、数据处理系统的增强处理发现火点并跟踪探测，达到从宏观上比较准确提供林火信息，以利于对森林火灾控制及扑灭的专业实用性的航天遥感技术。

应用气象卫星林火监测具有范围广、时间频率高、准确度高等优点，既可用于宏观的林火早期发现，也可用于对重大林火的发展蔓延情况进行连续的跟踪监测制作林火报表和林火态势图，进行过火面积的概略统计、火灾损失的初步估算及地面植被的恢复情况监测、森林火险等级预报和森林资源的宏观监测等工作。目前全国卫星林火监测信息网包括基本可覆盖全部国土3个卫星监测中心、30个省（自治区、直辖市）和100个重点地市防火办公室及森林警察总队、航空护林中心（总站）的137个远程终端。国家森林防火办公室和全国各省、自治区、直辖市及重点地市防火指挥部的远程终端均可直接调用监测图像等林火信息。

二、林火预测预报系统工程建设

林火预测预报是贯彻"预防为主，积极消灭"森林防火工作方针的一项重要的技术措施，也是林火火情监控、火灾监测、营林用火和林火扑救的依据。世界各国都非常重视林火预测预报工作，自 20 世纪 20 年代起，有关的研究发展很快。实现林火预测预报是一项艰巨而重要的工作任务，目前全国已普遍开展了这项工作。

（一）林火预报的种类

林火预报是根据天气变化、可燃物状况以及火源状态，预报林火发生的可能性。林火预报一般分为火险天气预报、林火发生预报和林火行为预报三种。

1. 火险天气预报

主要根据气象因子来预报火险天气等级。它没有考虑火源，仅仅预报天气条件能否引起森林火灾的可能性。

2. 林火发生预报

根据林火发生的三个条件，综合考虑天气条件、可燃物干湿程度以及火源状况来预报林火发生的可能性。

3. 林火行为预报

这种预报充分考虑到天气条件、可燃物状况以及地形特点，预报林火发生后蔓延速度、林火强度等。

（二）火险气象预测预报站的建立

森林火险气象预测预报站（网）的建立，应尽量与地方气象部门密切结合，充分利用林业局（场）现有条件做好森林火险预测预报工作。目前我国广大林区的火险气象等级预报多是利用地方气象台（站）的气象资料来进行预报，由于火险气象等级预报未考虑林区火险因子和可燃物的实际情况，其预报结果与林火的实际发生、发展规律有较大差异。因此为了提高火险预测预报的质量，应建立由火险因子要素监测站（火险气象站）、火险数据传输系统和预测预报平台组成的森林火险预警系统。

1. 火险气象预测预报站的设置

按照有关规定，国有和集体林区应建立森林火险气象预测预报站。森林火险气象预测预报站的半径一般控制在 15～30 km。气象预测预报站（点）布局，除满足均匀分布外，还应考虑森林资源、历史火情、火源分布特点，一般应选设在火险等级较高地区。地势起伏变化较大和条件较复杂的山区应适当提高站（点）密度。

2. 火险气象预测预报站的种类

火险气象预测预报站可根据业务分工设中心站、基地观测站（包括无人观测站）和流动观测站。

中心站：主要汇集基地观测站测定的火险气象和其他火险因子，通过计算、分析、整理，预测预报火险等级、林火环境，判定林火发生和火行为，提供防范措施。

基地观测站：对林区气象和其他火险因子进行定向、定时、定量观测。及时向中心站提供观测数据和信息。在需要进行一般观测、补充观测或采用计算机联网的地区，可设置自动记录气象观测站（即无人观测站）。

流动观测站：火灾发生后，在火场附近设置的临时观测点进行火场气象和火行为观测。

三、林火阻隔系统工程建设

林火阻隔工程系指利用林区的人为或天然防火障碍物，以达到防止和阻截森林火灾的发生和蔓延、减少火灾损失、提高林区防火控制能力的目的。林火阻隔工程必须相互衔接，组成完整的封闭式阻隔网络，以提高阻隔林火的综合效能。

林火阻隔网设置密度应根据自然条件、火险区等级、经营强度和防火要求确定。已开发和有条件的林区网格控制面积一般人工林为 $100 \sim 200 \text{ hm}^2$；次生林和原始林为 $3\,000 \sim 5\,000 \text{ hm}^2$。

分布在林区内宽度在 10 m 以上的河流、沟壑、石滩、沙丘等都是防止林火蔓延的自然障碍，为充分发挥其阻隔作用，均应有目的地将其组进阻隔工程，但必须与其他阻隔工程紧密衔接。

工程阻隔是根据森林防火需要，本着因害设防原则选定的防火工程设施。工程项目必须以增强防火能力、提高防火效率为目标。

生物阻隔是利用耐燃的密集林带进行林火阻隔，有条件的地方均应积极营造防火林带。林内和林区边缘的农田、菜地也应充分利用。

（一）工程阻隔带

1. 防火隔离带

必须根据自然条件，严格按规定标准进行设置防火隔离带。对有特殊要求和不适于设防火隔离带的地段应选用其他相应的有效措施。防火隔离带是阻止林火蔓延的有效措施,它可以作为灭火的根据地和控制线,也可以作为运送人力、物资的简易通道。

防火隔离带的设置原则。对林火必须有控制和隔离作用;尽量不破坏或少破坏森林原生植物群落,有利于林木生长和经营活动;防火隔离带应尽量选设在山背、林地边缘、地类分界、道路两侧、居民村屯和生产点的周围;地势平缓、地被物少、土质瘠薄的地带。主防火隔离带走向应与防火期主导风向垂直;防火隔离带避免沿陡坡或峡谷穿行;火源多、火险区等级高和林火易蔓延的地方,应适当加大防火隔离带密度。

防火隔离带的种类和标准。防火隔离带开设标准,应根据开设位置、作用和性质选定。国界防火隔离带:宽度 50 ~ 100 m。林缘防火隔离带:宽度 20 ~ 30 m。林内防火隔离带:宽度 20 ~ 30 m。道路两侧防火隔离带,一是标准铁路,每侧宽度 30 ~ 50 m(距中心线);二是森林铁路,每侧宽度 20 ~ 30 m(距中心线);三是林区公路,每侧宽度 8 ~ 10 m(距中心线)。

居民点防火隔离带(包括林场、仓库、居民村屯、野外生产作业点等),其宽度为 30 ~ 50 m。

人工幼林防火隔离带:宽度 8 ~ 10 m。凡山口、沟谷风口地段防火隔离带,应根据实际条件适当加宽。

防火隔离带的开设方法。防火隔离带的开设应根据地形、植被和技术条件选定适宜方法。一般可采用机械(或人工)伐除、机耕、割草、化学灭草和火烧等方法,彻底清除防火隔离带上的易燃物。开设方法必须符合科学管理的要求。

人工开设法。这是目前常用的防火线开设方法,包括采伐乔木、清除灌草、修生土带、整理林道、保护带抚育和采伐物清除等工程项目。

化学灭草法。为了不使防火线上长草,可喷洒化学除莠剂,如氯化钾、氯酸钙、亚砷酸钠、氯化锌和硫酸铜等无机除莠剂,目前广泛使用的有森草净、威尔柏和草甘膦。

火烧法。在防火线清理上,单纯采用点烧方法是比较经济实用、省工高效的方法。多在非防火季节无风天气里进行,前面用点火器点火,后面用风力灭火机控制火,防火线两侧用人力和风力灭火机灭火,最后清理余火、看守火场。

火烧防火线如果使用不当、控制不严,常易跑火成灾,应慎重使用,因此火烧防火线必须履行必要的申报核批手续,并做好以下几个环节:加强组织领导,制定用火实施方案，做好用火前的准备，选好用火天气和用火地段，采用适当的点烧技术和方法，建立用火档案，并规范操作，确保安全。

2. 生土带

生土带应设置在地势平缓、开阔和土质瘠薄的边防地带或林缘地段。林内不得开设生土带。生土带宽度与防火隔离带相同。开设方法：土层较厚、地势平缓的可用机耕；土层瘠薄、坡度较大的应人工开设。生土带必须把鲜土翻起，保持地表无植被生长。

3. 防火沟

对有干燥泥炭层和腐殖质层的地段，应开设防火沟，以防止地下火蔓延。防火沟规格，一般沟顶宽为 1.0 ~ 1.5 m；沟深应根据泥炭和腐殖质层的厚度确定，一般应深于该层 0.25 m；沟壁应保持 1 : 0.2 的倾斜度。

4. 防火道路

防火道路（包括公路、铁路及林区非等级公路等）有以下几方面作用：林内一旦发生火灾，能够保证及时运送扑火人员、扑火工具和物资到达火场，迅速扑灭火灾；可以隔离林火蔓延，不致酿成大火灾；林内交通便利，有利于森林经营管理。

林区道路建设是一项长远性的预防措施。防火道路的修建要同交通部门联合起来，特别是闭塞林区、老火灾区和边境地区，要尽可能与长远开发建设、木材生产相结合进行。有了一定密度的道路网，才能有利于森林防火的机械化和现代化，畅通无阻地及时运送扑火人员和物资到达火场。林区道路的多少是衡量一个国家或一个林区营林水平和森林经营集约度高低的标志。为了发挥森林防火机械化和现代化的作用，道路网的密度至少是 4 ~ 8 m/hm²，且分布均匀。

（二）防火林带

防火林带是利用具有防火能力的乔木或灌木组成的林带来阻隔或抑制林火的发生和蔓延。

1. 防火林带的设置区域

营造防火林带应根据林地条件、防护要求等，本着因地制宜和适地适树的原则选定。防火林带应设在下列地区。

各森林经营单元（林场、经营区等）林缘、集中建筑群落（居民点、工业区等）的周围和优质林分的分界处；边防、行政区界、道路两侧和田林交界处；有明显阻隔林火作用的山背、沟谷和坡面；适于防火性树种生长的地方。

2. 防火林带的规划原则

因地制宜、分类指导、重在实效；因害设防，自然阻隔和工程阻隔带、生物阻隔带整体优化配置；适地适树；防火功效与多种效益兼顾；培育提高型、改建型与新建型相结合；与林业建设"同步规划、同步设计、同步施工、同步验收"；网络由大到小、先易后难、突出重点、循序渐进。

3. 防火林带的种类

按防火林带结构划分：乔木林带，由阔叶乔木和亚乔木构成，主要是防止或阻截树冠火的蔓延。灌木防火带，由一些耐火灌木构成，主要用于阻截地表火的蔓延。

耐火植物带。耐火植物可以单独构成防火带，也可以营造在防火林带下。在这些地带可以种植药用植物，也可以种植一些经济植物、不易燃的农作物或蔬菜等。这样配置，一方面起防火作用，另一方面也会有一定的经济收益。

按防火林带功能划分：护路防火林带，主要设在铁路、公路两侧，用于防止机车喷漏火和爆瓦，以及扔的烟头和火柴引起的林火，同时，还可以增强道路的阻火作用；溪旁防火林带，分布在山区的小溪边，主要阻隔草甸火的蔓延；村屯周围防火林带，这种防火林带的功能是防止林火与家火相互蔓延；林缘防火林带，这类防火林带主要设在森林与草原交界处，或草甸子与森林的交界处，用于阻止草原或草甸火与林火的相互蔓延；农田防火林带，主要是用于防止农田烧秸秆、烧田埂草或农业生产用火不慎而起的林火；林内防火林带，在平地条件下按一定距离营造，在山地条件下应设在山脊，主要作用是防止针叶林的树冠火；针叶幼林防火林带，针叶林属于易燃林分，在一定面积上营造防火林带，可以防止大面积针叶幼林遭到森林火灾的危害。

按防火林带规格划分：主防火林带，为火灾控制带，设置的林带走向与防火季节主风向相垂直；副防火林带，为小区分割带，这是主防火林带的辅助林带，使防火林带构成若干封闭区；林场周界防火林带，设置在林场四周，其作用是防止山火烧入林场，特别是保护区或风景区和特殊林，更应营造周界防火林带，以防外界火的侵入。

4. 防火树种的选择

区分耐火树种、抗火树种与防火树种。

耐火树种是指遭受火烧后具有再生能力的树种。这里的再生能力主要指其萌芽能力。一般针叶树种没有萌芽能力，大部分阔叶树种有萌芽能力。有的耐火树种树皮厚，如栓皮栎。有的耐火树种芽具有保护组织，如樟子松。

抗火树种主要指不易燃烧或具有阻止燃烧和林火蔓延能力的树种。这些树种多为常绿阔叶树种，枝叶含水率高，含油脂量少，不含挥发油，二氧化硅和粗灰分物质较多，树叶多，叶大，叶厚，树枝粗壮，燃烧热值低，燃点高，自然整枝能力弱，枯死枝叶易脱落，树形紧凑等，如槠栲类、木兰科等树种。

防火树种是指那些能用来营造防火林带的树种。防火树种要求具有抗火性和耐火性，并要求具有一定的生物学特性和造林学特性。

有些树种具有耐火性但不具有抗火性，如桉树和樟树，它们易燃，不抗火，但它们萌芽力强，是耐火树种。有些树种虽具有抗火性，但不耐火，如夹竹桃，因枝叶茂密常绿，具有阻止林火蔓延的能力，但因树皮薄，火烧后，常整株枯死，因此它不是耐火树种。有些树种既具有抗火性又具有耐火性，但因生长太慢，适应力差，种源困难，育苗和造林技术不过关，不适宜营造防火林带，如大部分槠栲类和木兰科树种。

防火树种的选择方法。

火场植被调查法。从历年的火场植被调查中可以判断出树种的抗火性和耐火性。据湖南省的一些火烧迹地调查，耐火性和抗火性强的树种有大叶楠、石栎、甜槠等。在经常遭火烧的迹地上看到小叶栎纯林，这是很耐火的树种，但因它冬季落叶，枝条很细，并不是好的抗火树种。

直接火烧法。为了快速检验一个树种的抗火性，可直接进行点烧，测定燃烧时间，火焰高度、蔓延速度，树种被害状况及再生能力等。这种方法要多次重复和对照，并应在防火季节内进行。燃烧强度可根据燃料的发热计算，也可根据火焰高度计算。如果不需观察树木的再生能力，可以将树或主枝砍下，扦植在某处进行火烧。砍下的树或枝，必须立即试验。试验时还要记录树高、冠幅、重量和当时的气温、湿度、风速等。

实验测试法。测定树木枝叶的含水量、枝叶的疏密度、枝条的粗细度、树叶的大小、厚度和质地，枝叶含挥发油和油脂量，灰分物质的含量，二氧化硅的含量、燃点和发热量，然后根据这些数值进行判断。

综合评判法。根据树木的抗火性能、生物学特性、造林学特性，应用模糊数学方法，对上述三大因素进行综合评判，划分等级，在此基础上进行多目标决策，建立防火林带树种选择综合评价的数量模型。

目测判断法。根据树种是常绿还是落叶、树叶的厚薄、枝条的粗细度、树形的紧凑性、树皮的厚薄、萌芽特性、适应环境等，推断树种的耐火性和抗火性以及作为防火树种的可能性。

实地营造试验法。这是检验防火树种最好的办法。通过试验观察树种的适应性，能否形成良好的林带，观察林带的防火性和耐火性。

防火林带树种的选择条件。

防火林带的树种必须是抗火和耐火性能强，适应本地生长的树种。其条件应是：一是枝叶茂密，含水量大，耐火性强、含油脂少，不易燃烧的；二是生长迅速，郁闭快、适应性强，萌芽力高的；三是下层林木应耐潮湿，与上层林木种间关系相互适应的；四是无病虫害寄生和传播的；五是防火林带树种选择应因地制宜，如在北方林区，防火林带可种植的乔木树种有水曲柳、胡桃楸、黄波罗、杨树、柳树、樱树、榆树、落叶松等，灌木树种有忍冬、卫茅、接骨木、白丁香等。

5. 防火林带宽度、结构和配置

林带宽度应以满足阻隔林火蔓延为原则，一般不应小于当地成熟林木的最大树高。主带宽度一般为 20～30 m；副带宽度一般为 15～20 m。陡坡和峡谷地段应适当加宽。

目前我国各地防火林带多为单层结构的乔木林带或灌木林带。从防火效果看，营造复层结构林带较好。复层林带一是保持多层郁闭，有利于维护森林生态环境，保持林带湿度，降低风速；二是密集林带可以阻挡热辐射，有效发挥林带的阻火作用。

第七章 林业有害生物的综合治理

第一节 有害生物的发生特点

林业有害生物是由环境、生物和社会等多种因素的综合影响而产生的一种生物灾害，它对生态环境和林业建设造成的危害和损失都非常大，被称为"不冒烟的森林火灾"，其发生和危害，有明显的特点。

本章主要以"世界银行贷款山东生态造林项目"为例，分析林业有害生物的综合治理。

一、种类多、危害重

山东省地处南北交界的暖温带，气候条件有利于各种林木的生长发育，同时也有利于各种林业有害生物的发生危害。全省 26 个主要造林树种，有害生物有 700 余种（病害 300 余种，虫害 400 余种）。发生面广、危害严重的有松材线虫病、泡桐丛枝病、杨树烂皮病、松枝枯病、赤松毛虫、日本松干蚧、美国白蛾、双条杉天牛、杨扇舟蛾、杨小舟蛾、杨雪毒蛾、杨白潜蛾、光肩星天牛、桑天牛、侧柏松毛虫、侧柏毒蛾、大袋蛾等 20 多种，全省每年林业有害生物发生面积 66.67 万 hm²，因林业有害生物灾害而减少木材生长量五百多万 m³，直接经济损失数十亿元，不仅减少和降低了林产品的产量和质量，造成严重的经济损失，而且破坏生态良性循环，严重影响造林绿化成果和社会经济可持续发展[①]。

二、外来林业有害生物呈蔓延之势

改革开放以来，一种叫作"生物入侵"的现象正在全国乃至全球蔓延，一些翻山越岭、远涉重洋的"生物移民"通过人为活动被带到异国他乡，由于失去了天敌的制衡，同时获得了广阔的生存空间，生长迅速，占据了湖泊、陆地，生物

---

① 黄清臻,史慧勤,韩华,等.有害生物防治[M].北京:人民军医出版社,2014.

入侵已严重威胁到人类的生存，是当今世界最为棘手的三大环境难题之一。

松材线虫原产于北美洲。松材线虫病是由松材线虫寄生在松树体内引起的、以松褐天牛为主要传播媒介的松树毁灭性病害。松树感染的 40 天后便死亡，此病传播途径广、蔓延速度快、防治难度大。据山东省自然资源厅发布的《山东省2021 年上半年林业有害生物发生情况及下半年发生趋势预测》，松材线虫病发生面积 386.27 km²，同比下降了 52.19%；济南、济宁、泰安、临沂等 4 市没有发现病死树，威海市同比下降了 70.77%、日照等市同比下降了 22.72%，青岛市同比上升了 2.14%，烟台市同比上升了 1.01%；全省投入防治经费 9 993.17 万元，防治作业面积 753.53 km² 次，清理死亡松树 130.17 万株。

三、杨树病虫害呈多发频发态势

山东省平原绿化主要是以杨树为主，且纯林较多，隐患大，势必造成杨树病虫害的发生种类、周期、面积呈增加趋势。杨树蛀干害虫主要是光肩星天牛和桑天牛，呈现周期性爆发。杨树食叶害虫杨白潜蛾、杨扇舟蛾、杨小舟蛾，呈现几种害虫连续发生，交替危害，控制难度较大。杨树溃疡病、破腹病、褐斑病混合发生轮番危害，严重影响树的生长发育，降低了材积生长量，造成材质差，大大减低了经济价值。

第二节　有害生物发生日趋严重的主要原因

一、检疫测报基础薄弱，有害生物防控不到位

近年来，虽然不断加大了林业有害生物防治基础设施建设投资力度，但仍不能满足防治工作开展的实际需求，突出表现为：各级森防站仪器设备陈旧，防治、测报和检疫缺乏必要仪器设备，防治手段落后。首先，防治作业设施严重短缺，设备陈旧，特别是多数市、县级防治站没有配备专门防治作业交通工具，防治器械也十分落后，目前防治仍以传统的手工喷药为主，一旦发生大面积林业有害生物很难实施及时有效的防治。其次，测报仪器设备严重缺乏，仍采用传统的地面调查方式，费工费时，准确率也不高，航空和卫星遥感等高科技的检测技术无法得到推广应用，监测覆盖率难以提高，严重影响了测报工作的开展。最后，林业

有害生物防治检疫站检疫检验基础设施缺乏，检疫实验室数量少，技术落后，一旦发现疫情，不能及时对危险性林业有害生物进行检疫鉴定。

二、监测预警体系建设滞后，突发性有害生物处置不及时

由于缺乏经费，各级林业有害生物测报点的监测预报工作难以正常开展，预防工作不能及时到位，造成防治长期处于灾后救灾的被动局面，严重影响了定期开展疫情普查，导致对重大危险性林业有害生物全面监测和对重大疫情及时监控难以落实，灾情和疫情难以得到及早治理和控制。

三、防治资金投入不足，有害生物治理不全面

山东省每年发生林业有害生物灾害近 66.67 万 hm^2，需要防治面积达 46.67 万 hm^2。多年以来，山东省每年投入防治经费约 5 000 万元（包括国家、地方投入和群众自筹），防治经费平均 1.071 元 $/km^2$，与实际需求防治成本 1.5 元 $/km^2$ 相比，缺口较大。因此出现防治质量不高，防治面积达不到要求等问题[①]。

四、科研攻关力度小，有害生物防控科技含量低

山东省林业有害生物防治科研工作，一方面，由于资金投入不足，难以对现有主要林业有害生物的生物学、生态学等基础研究和防治实用技术的应用研究深入开展，无法掌握林业有害生物发生发展规律，导致防治针对性不强，防治效果差；另一方面，由于科研单位与生产单位的工作要求不同，许多科研课题更多地强调学术性，忽略了在生产上的实用性，难以体现科学技术是第一生产力的重大作用，生产上采用的多数防治措施科技含量低，防治效果也就难以保证。

五、树种单一，有害生物周期性爆发

中华人民共和国成立以来，山东省的造林与保护脱节，特别是一般的社会项目造林，树种单一，纯林面积大，山区以松树、侧柏为主，平原地区以杨树当家。单一的纯林，造成了林分结构简单，生物多样性差，生态系统脆弱，对各种灾害的抗御能力极差，致使林业有害生物经常爆发成灾。多年来发生面广、危害严重的有 20 世纪 60—70 年代的赤松毛虫、日本松干蚧；20 世纪 80 年代的光肩星天牛、桑天牛、榆蓝金花虫、大袋蛾；20 世纪 90 年代的侧柏松毛虫、侧柏毒

---

① 焦建春.林业有害生物发生病因与防控要点 [J].世界热带农业信息，2022(3)：44-45.

蛾；进入 21 世纪后，美国白蛾、杨扇舟蛾、杨小舟蛾、杨雪毒蛾等，都是由于树种单一、寄主食物丰富、天敌种群少、无制约因子而造成了有害生物多发、频发、周期性爆发。

第三节　有害生物综合治理的理论基础

林业工程项目立足于生态系统平衡，遵循林业工程项目生态系统内生物群落的演替和消长规律，实现以项目区森林植物健康为目标，开展有害生物的综合治理。从系统、综合、整体的观点和方法科学地防控林业工程项目有害生物，把握过程，从机理上调节各种生态关系，深入研究林业工程项目宏观生态和有害生物发生的数量生态学关系，实现宏观生态与数量生态的"双控"，达到改善生态系统功能和森林植物的持续健康目的，其有害生物治理主要基于以下三个理论。

一、森林健康理论

20 世纪 90 年代，美国人提出了森林健康的思想，将森林病、虫、火等灾害的防治上升到森林保健的高度，更多融合了生态学的思想。"森林健康"是针对人工林林分结构单一，森林病虫害防治能力、水土保持能力弱等提出来的一个营林理念，倡导通过合理配置林分结构，实现森林病虫害自控、水土保持能力增强和森林资源产值提高。通过对森林的科学营造和经营，实现森林生态系统的稳定性、生物多样性，增强森林自身抵抗各种自然灾害的能力，满足人类所期望的多目标、多价值、多用途、多产品和多服务的需要。在森林病虫害防治措施上主要是以提高森林自身健康水平、改善森林生态环境为基础，开展森林健康状况监测，通过营林措施恢复森林健康，同时辅以生物防治和抗性育种等措施来降低和控制林内病虫害的种群数量，提高森林的抗病虫能力[1]。

森林健康理论实质就是要建立和发展健康的森林。一个理想的健康森林应该是生物因素和非生物因素对森林的影响（如病虫害、空气污染、营林措施、木材采伐等）不会威胁到现在或将来森林资源经营的目标。健康森林中并非一定是没有病虫害、没有枯立木、没有濒死木的森林，而是这些不利因素处在一个较低的

---

① 王险峰. 农业有害生物抗药性综合治理 [J]. 北方水稻, 2018, 48(2): 40-46.

水平上，这对于维护健康森林中的生物链和生物的多样性，保持森林结构的稳定是有益的。即要使森林具有较好的自我调节并保持其系统稳定性的能力，从而使其最大、最充分地持续发挥其经济、生态和社会效益。森林健康不仅是今后森林经营管理的方向和工作目标，而且对森林病虫害防治工作更有重要的指导意义。

二、生态系统理论

生态系统是在一定空间中共同栖息着的所有生物（即生物群落）与周围环境之间由于不断地进行物质循环和能量流动过程而形成的统一体。

生态系统包括生物群落和无机环境，它强调的是系统中各个成员相互作用。一个健康的森林生态系统应该具有以下特征：①各生态演替阶段要有足够的物理环境因子、生物资源和食物网来维持森林生态系统；②能够从有限的干扰和胁迫因素中自然恢复；③在优势种植被所必需的物质，如水、光、热、生长空间及营养物质等方面存在一种动态平衡；④能够在森林各演替阶段提供多物种的栖息环境和所必需的生态学过程。

生态系统理论强调系统的整合性、稳定性和可持续性。整合性是指森林生态系统内在的组分、结构、功能以及它外在的生物物理环境的完整性，既包含生物要素、环境要素的完备程度，也包含生物过程、生态过程和物理环境过程的健全性，强调组分间的依赖性与和谐性统一性；稳定性主要是指生态系统对环境胁迫和外部干扰的反应能力，一个健康的生态系统必须维持系统的结构和功能的相对稳定，在受到一定程度干扰后能够自然恢复；可持续性主要是指森林生态系统持久地维持或支持其内在组分、组织结构和功能动态发展的能力，强调森林健康的一个时间尺度问题。

"世界银行贷款山东生态造林项目"的防护林是一种人工生态系统，其有害生物的科学防控是一项以生态学理论为依据的系统工程，其任务就是协调好各项栽培技术，为工程区的所有植物创造适生条件，充分发挥生态防控的调节作用，实现工程区内所有植物的健康。经过多年的实践，山东生态造林项目防护林有害生物的科学防控取得了重要进展，从育种、栽培、生物等综合防控方面积累了丰富的科研成果和生产经验，从合理的树种栽培区划和生产布局，从培育良种壮苗到立地选择的全过程入手，重视选择抗逆性强的树种营造混交林，适地适树，合理的林木组成和群落结构，大力发展混农、护田、护堤、护岸等节水和经济效益等多重效益生态系统，以"预防为主，综合治理"的方针，在较大范围实现了有害生物的控制。

三、生态平衡理论

自然生态系统几乎都是开放系统，一个健康的森林生态系统应该是一个稳定的生态系统。生态系统具有负反馈的自我调节机制，所以通常情况下，生态系统会保持自身的生态平衡。生态平衡是指生态系统通过发育和调节所达到的一种稳定状态，它包括结构上的稳定、功能上的稳定和能量输入输出上的稳定，生物个体、种群之间的数量平衡及其相互关系的协调，以及生物与环境之间相互适应的状态。

生物种群间的生态平衡是生物种群之间的稳定状态。主要是指生物种群之间通过食物、阳光、水分、温度、湿度以及拥挤程度的竞争，达到相互之间在数量、占据的空间等方面的稳定状态。而生物与环境之间的生态平衡指的是在长期的自然选择中，某些生物种群对于特定的环境条件表现出十分敏感的适应性，通过这种适应性使种群呈现出长期的稳定状态。稳定性要靠许多因素的共同作用来维持。任何一个生物种群都受到其他因子的抑制，正是系统内部各种生物相互间的制约关系，产生相互间的数量比例的控制，使任何一种生物的数量不至于过大。

生态平衡是一种动态的平衡，当其处于稳定状态时，很大程度上能够克服和消灭外来的干扰，保持自身的稳定性。但是生态系统的这种自我调节机制是有一定限度的，当外来干扰因素超过一定限度，生态系统的自我调节机制会受到伤害，生态系统的结构和功能遭到破坏，物质和能量输的出输入不能平衡，造成系统成分缺损（如生物多样性减少等），结构变化（如动物种群的突增或突减、食物链的改变等），能量流动受阻，物质循环中断，生态失衡。一般来说，生态系统的结构越复杂，成分越多样，生物越繁茂，物流和能流网络就越完善，这种反馈调节就越有效；反之，越是结构简单、成分单一的系统，其反馈调节能力就越差，生态平衡就越脆弱。

生态平衡理论对于林业工程项目建设具有重要的指导意义。在构建林业工程生态系统时，应尽量增加生态系统中的生物多样性，充分利用自然制约因素，根据当地的气候条件和地理选择合适的树种类型，同时考虑选择抗（耐）病虫良种，注意品种的合理布局、合理间种或混种，加强营林等管护措施，实现林业工程项目最大的经济效益、生态效益和生态系统的持续健康。

第四节　有害生物的主要管理策略和技术措施

一、植物检疫技术

植物检疫是依据国家法规,对植物及其产品实行检验和处理,以防止人为传播蔓延危险性病虫的一种措施。它是一个国家的政府或政府的一个部门,通过立法颁布的强制性措施,因此又称法规防治。国外或国内危险性森林害虫一旦传入新的地区,由于失去了原产地的天敌及其他环境因子的控制,其猖獗程度较之在原产地往往要大得多。如美国白蛾、松材线虫病传入山东省后给农林生态系统造成严重危害。严格执行检疫条例,阻止危险性病虫入侵是防治有害生物扩展蔓延的重要工作[①]。

凡危害严重、防治不易、主要由人为传播的国外危险性森林害虫应列为对外检疫对象。凡已传入国内的对外检疫对象或国内原有的危险性病虫,当其在国内的发生地还非常有限时应列入对内检疫对象。检疫对象分为国家级和省级两类。全国林业检疫性有害生物有 14 种,山东省有分布的为 5 种,项目区分布的有松材线虫 [Bursaphelenchus xylophilus(Steiner et Buhrer)Nickle]、美国白蛾 [Hyphantria cunea(Drury)] 2 种。检疫对象的除治方法主要包括药剂熏蒸处理、高热或低温处理、喷洒药剂处理以及退回或销毁处理。

二、物理防控技术

应用简单的器械和光、电、射线等防治害虫的技术。

（一）捕杀法

根据害虫生活习性,凡能以人力或简单工具例如石块、扫把、布块、草把等将害虫消灭的方法都属于本法。如将金龟甲成虫振落于布块上聚而消灭;或如当榆蓝叶甲群聚化蛹期间用石块等将其消灭;或剪下微红梢斑螟危害的嫩梢加以处理等方法。

① 余旭.危险性林业有害生物管理策略研究 [J].现代农业科技,2017(16):122-123.

（二）诱杀法

即利用害虫趋性将其诱集而消灭的方法。本法又分为 5 种方法。

1. 灯光诱杀

即利用普通灯光或黑光灯诱集害虫并消灭的方法。例如，应用黑光灯诱杀马尾松毛虫成虫已获得很好的效果。

2. 潜所诱杀

即利用害虫越冬、越夏和白天隐蔽的习性，人为设置潜所，将其诱杀的方法。

3. 食物诱杀

利用害虫所喜食的食物，于其中加入杀虫剂而将其诱杀的方法。例如，竹蝗喜食人尿，以加药的尿置于竹林中诱杀竹蝗；又如桑天牛喜食桑树及构树的嫩梢，于杨树林周围人工栽植桑树或构树，在桑天牛成虫出现期中，于树上喷药，成虫取食树皮即可致死。此外，利用饵木、饵树皮、毒饵、糖醋诱杀害虫，均属于食物诱杀。

4. 信息素诱杀

即利用信息素诱集害虫并将其消灭或直接于信息素中加入杀虫剂，使诱来的害虫中毒而死。例如，应用白杨透翅蛾、杨干透翅蛾、舞毒蛾等的性信息素诱杀，已获得较好的效果。

5. 颜色诱杀

即利用害虫对某种颜色的喜好性而将其诱杀的方法。例如，以黄色胶纸诱捕刚羽化的落叶松球果花蝇成虫。

（三）阻隔法

即于害虫通行道上设置障碍物，使害虫不能通行，从而达到防治害虫的目的。如用塑料薄膜帽或环阻止松毛虫越冬幼虫上树；开沟阻止松树皮象成虫从伐区爬入针叶树人工幼林和苗圃；在榆树干基堆集细砂，阻止春尺蛾爬上树干等。此外，于杨树周围栽植池杉、水杉，阻止云斑天牛、桑天牛向杨树林蔓延；又在杨树林的周缘用苦楝树作为隔离带防止光肩星天牛进入。

（四）射线杀虫

即直接应用射线照射杀虫。例如，应用红外线照射刺槐种子 1～5 min，可有效地杀死其中小蜂。

（五）高温杀虫

即利用高温处理种子可将其中害虫消灭。例如，利用 80℃热水浸泡刺槐种子可将其中刺槐种子小蜂消灭；又如用 45～60℃温水浸泡橡实可杀死橡实中的象甲幼虫；浸种后及时将种实晾干贮藏，不致影响发芽率。以强烈日光暴晒林木种子，可以防治种子中的多种害虫。

（六）不育技术

应用不育昆虫与天然条件下害虫交配，使其产生不育群体，以达到防治害虫的目的，称为不育害虫防治。包括辐射不育、化学不育和遗传不育。如应用 2.5 万～3 万 R（1 R=2.58×10⁻⁴ C/kg）的 ^{60}Co（钴 60）γ 射线处理马尾松毛虫雄虫使之不育，羽化后雄虫虽能正常地与雌虫交配，但卵的孵化率只有 5%，甚至完全不孵化。

三、生态调控技术

从森林生态系统整体功能出发，在充分了解森林生态系统结构、功能和演替规律及森林生态系统与周围环境、周围生物和非生物因素的关系前提下，充分掌握各种有益生物种群、有害生物种群的发生消长规律，全面考虑各项措施的控制效果、相互关系、连锁反应及对林木生长发育的影响。通过调控森林生态系统组成、结构并辅以生理生化过程的调控包括物流、能流、信息流等，有利于有益生物的生长发育并控制有害生物的生长发育，以实现森林生态系统高生产力、高生态效益及持续控制有害生物和保持生态系统平衡的目标。总的要求是安全、有利、可持续。采用的具体措施主要是抗性品种栽培，防治措施与营林措施的协调一致；综合使用包括有害生物防治措施在内的各种生态调控手段，尽可能地减少化肥、农药等的使用。在实施过程中重要的是将有害生物防治与其他森林培育措施融为一体，将有害生物防治贯穿于森林培育的各个环节，组装成切实可行的生态工程技术体系，对森林生态系统及其寄主—有害生物—天敌关系进行合理的调节和控制，变对抗为利用，变控制为调节，化害为利，以充分发挥系统内各种生物资源的有益功能。

遵循森林有害生物生态控制的原则、目标，以及森林有害生物生态控制的基本框架和现有的成熟技术，森林有害生物生态控制措施主要有以下几点。

（一）立地调控措施

立地因子与林业工程项目有害生物的大发生有着密切的关系，特别是直接影响森林生态系统活力的立地因子对林业工程项目区有害生物的大发生起着举足轻重的作用。适地适树是森林生态系统健康的基本保证。因为立地与森林有害生物存在着直接的相关关系；立地通过天敌与有害生物发生着关系；立地通过植物群落与有害生物发生关系。因此，立地是森林有害生物发生、发育、发展的最基本条件。实践中立地调控措施主要包括整地、施肥、灌水、除草、松土等。这些措施的实施不仅要考虑对森林植物特别是经营对象的影响和效果，更要考虑立地调控措施对有害生物和天敌的影响。在实施立地调控措施时必须与造林目标和造林措施相结合，如基于根系—根际微生态环境耦合优化措施等微生态调控技术的应用。

（二）林分经营管理措施

任何林分经营管理措施都与森林有害生物的发生、繁殖、发展有着直接或间接的关系，这些关系往往影响着至少一个时代的森林生态系统功能的发挥。林分经营管理措施主要包括：生物多样性结构优化措施，林分卫生状况控制措施，林分地上、地下空间管理措施等。林分经营管理措施的对象可以是树木个体，也可以是林分群体。在计划和执行林分经营管理措施时，应该注意措施的多效益发挥和措施效果的持续稳定性以及措施的动态性。林分经营管理措施从本质上来讲，就是调整林分及林木的空间结构，以便于增强林分整体的抗逆性和提高林木的活力，从而间接调控森林有害生物的种群动态，同时也直接控制森林有害生物的大发生。

（三）寄主抗性利用和开发

寄主抗性利用和开发主要包括诱导抗性、耐害性和补偿性等几方面。

诱导抗性是树木生存进化的一个重要途径，是树木和有害生物（昆虫和病原菌）协同进化的产物。目前已知诱导抗性在植物和有害生物种类上都广泛存在并大多数为系统性的，在植物世代间是可以传递或遗传的。因此，树木的诱导抗性是一个值得探索利用的控制途径。此途径对提高树木个体及其生态系统整体的抗性具有重要的意义。

耐害性是林木对有害生物忍耐程度的一个重要生理特性，又是内在生理机制和外界环境因子相互作用的外在反应。研究和提升树木的耐害性对增强整个林分乃至生态系统的稳定性有极其重要的意义。实践中应选择具有较高耐害性的种或个体作为造林树种以增强整个林分乃至生态系统的耐害性。

补偿性是指林木对有害生物的一种防御机制。当林木受到有害生物的危害时，林木自身立即调动这种机制用于补偿甚至超补偿由于有害生物造成的损失，以利于整个生态系统的稳定。补偿或超补偿功能在生态系统中普遍存在。因此，应该充分利用这种生态系统本身的机制，以发挥生态系统的自我调控功能。

四、生物防控技术

一切利用生物有机体或自然生物产物来防治林木病虫害的方法都属于生物控制的范畴。森林生态系统中的各种生物都是以食物链的形式相互联系起来的，害虫取食植物，捕食性、寄生性昆虫（动物）和昆虫病原微生物又以害虫为食物或营养，正因为生物之间存在着这种食物链的关系，森林生态系统具有一定的自然调节能力。结构复杂的森林生态系统由于生物种类多较易保持稳定，天敌数量丰富，天然生物防治的能力强，害虫不易猖獗成灾；而成分单纯、结构简单的林分内天敌数量较少，对害虫的抑制能力差，一旦害虫大发生时就可能造成严重的经济损失。了解这些特点，对人工保护和繁殖利用天敌具有重要指导意义。

（一）天敌昆虫的利用

林业工程项目区既是天敌的生存环境，又是天敌对害虫发挥控制作用的舞台，天敌和环境的密切联系是以物质和能量流动来实现，这种关系是在长期进化过程中形成的。在害虫综合治理过程中，就是要充分认识生态系统内各种成员之间的关系，因势利导，扬长避短，以充分发挥天敌控制害虫的作用，维护生态平衡。因此，生物控制的任务是创造良好的生态条件，充分发挥天敌的作用，把害虫的危害抑制在经济允许水平以下。害虫生物控制主要通过保护利用本地天敌、输引外地天敌和人工繁殖优势天敌，以便增加天敌的种群数量及效能来实现。

（二）病原微生物的利用

病原微生物主要包括病毒、细菌、真菌、立克次体、原生动物和线虫等，它们在自然界都能引起昆虫的疾病，在特定条件下，往往还可导致昆虫的流行病，是森林害虫种群自然控制的主要因素之一。

（三）捕食性鸟类的利用

食虫益鸟的利用主要是通过招引和保护措施来实现。招引益鸟可悬挂各种鸟类喜欢的鸟巢或木段，鸟巢可用木板、油毡等制作，其形状及大小应根据不同鸟类的习性而定。鸟巢可以挂在林内或林缘，吸引益鸟前来定居繁殖，达到控制害虫的目的。林业上招引啄木鸟防治杨树蛀干性害虫，取得了较好的效果。在林缘和林中保留或栽植灌木树种，也可招引鸟类前来栖息。

五、森林生态系统的"双精管理"

森林生态系统的"双精管理"即精密监测，精确管理，其目的就是对生态系统实行实时监测，及时发现非健康生态系统，采取先进的生物管理措施，及时、快速地恢复"患病"生态系统的健康，或者对处在健康、亚健康状态的生态系统，采取一定的、合理的措施，维护生态系统保持在比较稳定的健康状态。生物灾害的"双精管理"，不仅要克服被动防治和单种防治带来的弊端，更重要的是维护生态系统的健康，"双精管理"关键是通过先进的手段，进行实时监测，通过长期数据积累，建立准确的预报模型和人工干扰模型，进行准确预报和人工干扰模拟，采用先进的生物管理技术，实现森林灾害生物的科学管理，维护生态系统健康。

六、森林有害生物持续控制技术

森林有害生物可持续控制（SPMF）是以森林生态系统特有的结构和稳定性为基础，强调森林生态系统对生物灾害的自然调控功能的发挥，协调运用与环境和其他有益的物种的生存和发展相和谐的措施，将有害生物控制在生态、社会和经济效益可接受（或允许）的低密度、并在时空上达到可持续控制的效果。

第五节　有害生物的管理

一、叶部有害生物的管理措施

世界银行贷款山东生态造林项目区有赤松毛虫、美国白蛾、杨小舟蛾、杨扇大袋蛾、侧柏毒蛾等[1]。

---

[1] 杨巧妹.森林健康与林业有害生物管理[J].造纸装备及材料，2021，50(11)：74-75.

（一）松毛虫的管理措施

1. 做好虫情测报工作

松毛虫灾害的形成多是从局部开始，然后向四周扩散并逐步积累，达到一定虫口密度后爆发成灾。所以虫情测报工作非常重要，及早发现虫源地，并采取相应的措施进行防治，将会取得较好的效果。

灯光诱集成虫。在松毛虫蛾子羽化时期，根据地理类型设置黑光灯诱蛾。灯光设置，一般要在开阔的地方，如盆地类型，则设盆地中间距林缘 100 m 左右，不宜设在山顶、林内和风口。用于虫情测报的黑光灯和诱杀蛾子者不同，需数年固定一定位置，选择好地点后（若为居民点，可设在房顶等建筑物上部）设灯光诱捕笼。目前较为适宜的为灯泡上部设灯伞，下设以漏斗，通入大型纱笼内。在发蛾季节，每天天黑时开灯，次日凌晨闭灯，统计雌雄蛾数、雌蛾满腹卵数、半腹卵和空腹的蛾数。

性外激素诱集成虫。在成虫羽化期，于不同的林地设置诱捕器，诱捕器一般挂在松树第 1 盘枝上。每日清晨逐个检查记载诱捕雄蛾数量。诱捕器由下列 3 种任选一种：①圆筒两端漏斗进口型，用黄板纸和牛皮纸做成，直径 10 cm，全长 25 cm，两节等长从中间套接的圆筒，两端装置牛皮纸漏斗状进口，漏斗伸入筒内 6 ~ 7 cm，中央留一蛾小孔，孔径 1.4 ~ 1.5 cm；②四方形四边漏斗进口型，用黄板纸做成长宽高为 25 cm × 25 cm × 8 cm 四方形盒，盒的四边均装有牛皮纸漏斗，漏斗规格与上述两种相同，盒上方留有 8 cm × 8 cm 的方孔，装硬纸板盖，做检查诱进蛾数用；③小盆形，22 ~ 26 cm 口径的盆或钵，盆内盛水，并加少许洗衣粉以降低水的表面张力，盆上搁铁丝，供悬挂性外激素载体之用。放置诱捕器时，由一定剂量的性外激素制成的载体（一般橡胶作载体较好），装入各种诱捕器内，小盆形诱捕器的性诱剂载体应尽量接近水面，圆筒形和方盒形诱捕器是用细绳悬挂在松枝上，水盆诱捕器则以三角架或松树枝交叉处固定。性外激素制剂的载体，有关部门可制成商品出售，使用时按商标上说明即可。也可用二氯甲烷、二甲苯等作溶剂粗提性引诱物质。

航天航空监测技术、在松林面积辽阔，山高路远人稀的林区，可采用卫星遥感（TM）图像监测技术和航空摄影技术，确定方位后，于地面进一步调查核实，往往比较及时而准确。

2. 营林措施

营造混交林。混交林内松毛虫不易成灾的原因是森林生物群落丰富，松毛虫的天敌种类和数量较多，它们分别控制松毛虫各虫期；提供了益鸟栖息的环境，食虫鸟捕食大量的松毛虫，抑制了松毛虫的猖獗，保持了有虫不成灾的状态。因地制宜、适地适树，积极营造阔叶林、针阔叶混交林。如山东省、河北省北部、辽宁省等地区与刺槐、栎树、桦树等混交，以落叶松代替赤松。马尾松地区可与枫香、樟树、喜树、油桐、木荷、榛木、桉树、刺槐、油茶、栎类、相思、化香、檀树、枫杨、山槐、竹类、杉木等混交。并推广抗虫树种，如海南松、湿地松、加勒比松、火炬松等对马层松毛虫有一定的抗性，逐步对现有纯松林进行改造。

封山育林和合理修枝。严格执行封山育林制度，因地制宜、定期封山、轮流开放、有计划地发展薪炭林等；合理修枝、保护杂灌木等。防止乱砍滥伐和林内过度放牧，对于过分稀疏的纯林要补植适宜的阔叶树，对约 10 年生的松树，最少要保持 5 轮枝桠，丰富林内植被，注意对蜜源植物的繁殖和保护。

3. 生态调控措施

天敌对抑制松毛虫大发生起着重要的作用，但随环境条件差异而有所不同，树种复杂、植被丰富的松林，由于形成了较为良好的天敌、害虫食物链，使害虫种群数量比较稳定，能较长期处于有虫不成灾的水平，这种生态环境对保护森林，促进林业生产极为有利。

据调查我国松林中松毛虫天敌总计几百种，有昆虫（寄生蜂、寄生蝇类、捕食性天敌昆虫），食虫鸟类，其他捕食性动物（蜘蛛等），真菌，细菌，病毒。所以保护天敌对控制松毛虫具有重大作用。复杂的森林生态系统是从根本上控制松毛虫的基础，所以营造混交林和对现有林进行封山育林，保护地被物以形成丰富的生态群落，对控制松毛虫灾害可以收到事半功倍的效果。

营造混交林和封山育林等措施可使林相复杂、开花植物增多、植被丰富，有利于寄生蜂和捕食性天敌的生存和繁殖，使各虫期的天敌种类和数量增多。

严格禁止打猎，特别要禁止猎杀鸟类动物，食松毛虫的鸟类对抑制松毛虫数量的增长起着一定的作用，在一定条件下食虫鸟能控制或消灭松毛虫发生基地，所以通过保护、招引和驯化的办法，使林内食虫鸟种群数量增加。并要禁止在益鸟保护区内喷洒广谱性化学杀虫剂。

4. 物理防控措施

使用高压电网灭虫灯和黑光灯诱杀，本方法适合有电源或虫口密度较大的林区。高压电网灭虫灯是以自镇高压诱虫灯泡基础改进而成，其结构由高压电网灭虫灯防护罩、诱集光源、杀灭昆虫用的电网三部分组成，使用时将松毛虫蛾子诱入高压电网有效电场内，线间产生的高压弧，使松毛虫死亡或失去飞翔能力。此灯宜在羽化初期开灯，盛期要延长开灯时间，同时次日要及时处理没杀死的蛾子。其有效范围为 0.2～0.27 km²。在固定电源地区，要专人负责，严格执行操作程序，注意安全。对虫口密度大的林区，最好使用小型发电机，机动车及时巡回诱杀。

黑光灯诱杀法与黑光灯测报法相同，可用管状 8 W、20～30 W 黑光灯或太阳能黑光灯，此方法适于电源不足的林区，其电源可用蓄电瓶、干电池，亦可用交流电源，以及其他型号的灯，如普通电灯、汽灯、桅灯、金属卤灯等。

5. 人工防治

利用人工捕捉幼虫、采茧、采卵等，在一定林区是一项重要的辅助措施。特别是小面积松毛虫发生基地。

在松毛虫下树越冬地区，春季幼虫上树前，在树干 1 m 上下，刮去粗树皮 12～15 cm 宽，扎上 4 cm 宽的塑料薄膜，以阻隔幼虫上树取食，使其饥饿 10～15 天后死亡。薄膜接口处要剪齐，斜口向下，接头要短，钉得适度等。或在树干胸高处，涂上 30 cm 宽的毒环，防治越冬幼虫上树。

采卵块，此法是人工防治中收效最大的一种，尤其在虫口密度不大，松树不高的林地，对减少施药防治、保护天敌、调节生态平衡，是一项重要的辅助措施。在松毛虫产卵期，每 4～5 天一次，连续 2～3 次，比捉幼虫、采茧蛹安全，可达到较好的防治效果。

（二）美国白蛾的管理措施

由于美国白蛾极易爆发成灾，所以应采取所有合理的措施将其控制。因美国白蛾一旦侵入其适生地，就很难被彻底消灭，所以在加强检疫制度的同时，因地制宜，合理地运用各种控制手段，以免干扰生态环境，或造成次要害虫的种群数量上升，形成新的灾害。控制措施包括检疫和各种防治方法的适当应用。

1. 美国白蛾的检疫

由于美国白蛾属国际性检疫害虫，所以对其执行严格的检疫措施是控制其蔓延扩散的有效手段。

美国白蛾扩散最主要的途径是随货物借助于交通工具进行传播。因此，在通过调查划分出疫区保护区的前提下，对来自疫区或疫情发生区的木材、苗木、植物性包装材料、装载容器及运输工具，必须严格执行检疫规定并严格检查，看看是否带有美国白蛾的任何虫态。在与非疫情交界处，应设哨卡检疫。在保护区内，也要加强调查工作，在美国白蛾发生期，对检区的树木进行全面调查，特别是铁路、公路沿线，村庄的林木。调查时，注意观察树冠上有无网幕和被害状，叶片背面有无卵块，树干老皮裂缝处有无幼虫化蛹。如发现疫情，立即查清发生范围，采取封锁消灭措施。

在发现美国白蛾的情况下，首先要引起各级领导的足够重视，充分发动群众，宣传群众；要培训技术骨干，上下织成一个严密的机构；要尽快弄清发生范围，不失时机地进行封锁和除治。

2. 营林措施

改善树种结构，在"四旁（宅旁、路旁、水旁、村旁）"造林和城市绿化中，多栽植美国白蛾厌食树种。可间隔栽植部分美国白蛾嗜食树种，作为引诱树，防治时重点放在这部分树木上。从植物群落上抑制美国白蛾的繁衍。

3. 人工防治

包括人工剪除美国白蛾 2 ~ 3 龄幼虫网幕，根据白蛾幼虫下树化蛹的习性，于胸高处绑草把，以诱集老熟幼虫在其中化蛹，然后销毁。这些方法作为生物防治美国白蛾的补充措施，能够起到一定的作用。

4. 生物防治

卵期：释放利用松毛虫赤眼蜂防治，平均寄生率为 28.2%，由于寄生率有限，较少采用。

低龄幼虫期：采用美国白蛾 NPV 病毒制剂喷洒防治网幕幼虫，防治率可以达到 94% 以上。由于病毒的传染作用，对虫期不整齐的美国白蛾效果较好。

老熟幼虫期和蛹期：由于美国白蛾越冬代蛹羽化时期持续时间较长（最早 4 月中旬，最晚 6 月上旬），羽化早的成虫所产的卵孵化出的幼虫已发育至老熟，即在 6 月中旬就有蛹出现，而羽化晚的此时才产卵，因而虫期很不整齐，即在 6 月、7 月、8 月、9 月几个月危害严重的季节一直可见其幼虫、蛹等同时存在。这就给化学喷药防治带来了很大的困难。但正是这种特性给寄生美国白蛾蛹的白蛾周氏啮小蜂创造了良好的寄生繁殖的条件。由于这种小蜂发生的代数（7代）大大多于美国白蛾，因而它可以在自然界一直找到寄主蛹寄生繁殖，保持其较高的种群数量。释放利用白蛾周氏啮小蜂进行生物防治，不但增加了自然界中白蛾周氏啮小蜂的种群数量，也保护了其他多种天敌，使它们的种群数量也大大增加，与白蛾周氏啮小蜂一起，共同控制美国白蛾，达到了可持续控制。同时由于不施用化学农药，防治区保留一些次要害虫，保证了捕食性天敌（包括鸟类）和寄生性天敌繁衍生息所需的食料。

5. 性信息素诱集成虫

利用美国白蛾性信息素诱芯，在成虫发生期诱杀雄性成虫。还可利用美国白蛾处女雌蛾活体引诱雄成虫。方法是将做好的诱捕器于傍晚日落后挂在美国白蛾喜食树种的树枝上，距地面高度 2.5 ~ 3 m，次日清晨或傍晚取回。活体雌虫每 2 天取出更换 1 次。在羽化高峰期，1 个诱捕器每晚可诱到 10 多头雄成虫。

二、枝干部有害生物的管理措施

世界银行贷款山东生态造林项目区杨树天牛主要包括光肩星天牛、云斑天牛等；松柏树项目区内有松褐天牛、褐幽天牛、双条衫天牛、日本松干蚧、大球蚧等。枝干害虫发生的主要成因，即人工林树种组成过于单一，且多为天牛感性树种，抗御天牛灾害功能低下。以生态系统稳定性、风险分散和抗性相对论为核心理论指导，以枝干害虫的生物生态学特性为依据，及时监测虫情，以生态调控技术——多树种合理配置为根本措施；以低比例的诱饵树"诱集"天牛成虫，采取多种实用易行的防治措施杀灭所诱集的天牛，以高效持效化学控制技术和生物防治措施为关键技术控制局部或早期虫源，构建了防护林天牛灾害持续控制技术体系，达到了有虫不成灾的目的。

（一）杨树天牛的管理措施

杨树天牛主要包括光肩星天牛、桑天牛、黄斑星天牛、云斑天牛、青杨楔天牛、青杨脊虎天牛等。

近年来，国内的杨树天牛防治技术主要有：筛选和利用抗性树种和品系，以及单一树种的抗性机制；运用各种营林措施提高对天牛的自然控制作用，如改变种植规模和林带的树种组成，控制虫源，合理配置"诱饵树"，并辅以诱杀手段；加强林业管理措施提高诱导抗性；保护和利用天敌（尤其是啄木鸟等）；筛选持效高效的化学杀虫剂（如微胶囊剂），改善施药方法；开发光肩星天牛的植物性引诱剂，以及其他物理防治方法。

现有的控制措施依其作用对象和范围可归纳为下述 3 个层次。

1. 针对害虫个体的技术

概括起来有人工捕捉成虫，锤击、削除卵粒和幼虫，毒签（泥、膏等）堵虫孔，将农药、寄生线虫、白僵菌等直接注入虫孔等。此类方法虽成本低廉和高效，但只在幼林或零星树木及天牛初发时现实可行，在控制较大范围的种群爆发时不可取。

2. 针对单株被害木的技术

如在发生早期伐除零星被害木，喷施或在树干基部注射各种农药或生物制剂毒杀卵、幼虫和成虫等，利用诱饵树如桑树、复叶槭等分别诱集桑天牛、光肩星天牛等，并辅以杀虫剂毒杀或捕杀。这类措施在虫害发生初期面积较小，附近又无大量虫源的条件下，如能连续施用数年，无疑是十分有效的。但在虫害普遍发生时，限于经济投入，也极难实施。

3. 针对整个害虫种群或林分的技术

如选用抗虫树种，适地适树、更新或改善不合理林带结构，实行多树种合理配置（包括诱饵树、诱控树和忌避树）并辅以杀虫剂毒杀或捕杀，严格实行检疫和监测措施，保护利用天敌，开发天牛引诱剂等。这类措施通常对全林分进行或其效用泽及整个林分，并有持效性。

（二）松材线虫病

松材线虫病是松树的一种毁灭性流行病，染病寄主（主要是松褐天牛）死亡速度快；传播快，且常常猝不及防，一旦发生，治理难度大，被我国列入对内、对外的森林植物检疫对象。

1. 疫情监测

以松褐天牛为对象的疫情监测技术，主要是通过引诱剂诱捕器进行。在林间设置松褐天牛引诱剂诱捕器，能早期发现和监测松材线虫病。以寄主受害症状变化进行监测，松材线虫侵入树木后，外部症状的发展过程可分为四个阶段：外观正常，树脂分泌减少或停止，蒸腾作用下降；针叶开始变色，树脂分泌停止，通常能够观察到天牛或其他甲虫侵害和产卵的痕迹；大部分针叶变为黄褐色，萎蔫，通常可见到甲虫的蛀屑；针叶全部变为黄褐色，病树干枯死亡，但针叶不脱落。此时树体上一般有次期性害虫栖居。松树感病后，枯死的树木会出现典型蓝变现象。

2. 以病原为出发点的病害控制

清理病死树。每年春天病害感染发生前，对老疫点的重病区感病松树进行一次性全面的皆伐，彻底清除感染发病对象。对较轻区域采用全面清理病死树的措施，减少病原，防止病害临近扩散蔓延，逐步全面清理中心发生区的病死树，压缩受害面积，控制灾害的发生程度。对新发生疫点和孤立疫点实施皆伐，并通过采用"流胶法"，早期诊断 1 km 范围内的松林，对出现流胶异常现象的树及时拔除。

实施清理病死树时，伐桩高度应低于 5 cm，并做到除治迹地的卫生清洁，不残留直径大于 1 cm 松枝，以防残留侵染源。处置死树和活树时，应分别进行除害处理。

病木除害处理。砍伐后病死树应就地将直径 1 cm 以上的枝条、树干和伐根砍成段，分装熏蒸袋用 20 g/m³ 磷化铝密封熏蒸处理，搁置原地至松褐天牛羽化期结束。滞留林间的病枝材，亦可采用此法。对清理下山的病枝、根桩等可集中后，在指定地点及时烧毁。伐下的病材在集中指定地点采用药物熏蒸、加热处理、变性处理、切片处理等。药物熏蒸要求选择平坦地，集中堆放，堆垛覆盖熏蒸帐幕，帐幕边角沿堆垛周围深埋压土。病死树的伐根应套上塑料薄膜覆土，或用磷化铝（1~2 粒）进行熏蒸处理，或用杀线虫剂等进行喷淋处理，也可采取连根刨除，再进行前述方法除害。

3. 以寄主为出发点的病害控制

营造和构建由多重免疫和抗性树种组成的混交林，可以将现有感病树种的风险进行稀释。如在松林适当种植梧桐、细叶桉等其他树种提高松树抗性，对皆伐林地改种其他树种，使松材线虫的危害局部化和个体化，直至与所在森林环境建立起协调的适应性。

通过现代生物技术和遗传育种方法，培育抗松材线虫和松褐天牛的品种，也是松树线虫病可持续可控制的有效手段，需要加强这方面的研究。

第八章　林业体制改革与创新

第一节　我国林业管理体制的现状

我国目前的国有林林业管理体制属于"政企合一"模式。这种体制是按行政组织和行政层次，运用行政手段直接管理的模式，是在高度集中的计划经济体制基础上建立起来的，其指导思想是以计划经济为指导，以行政命令指令性计划为主要管理手段。随着社会主义市场经济的逐步建立，林业的管理体制也逐渐摆脱了高度集权的束缚，确定了林业生产责任制，扩大了林业企业自主权，调动了广大林业工人的积极性，逐步适应社会主义市场经济的发展。因为计划经济在林业系统内部依旧有相当大的市场，所以林业主管机关从计划投资到大的项目的立项仍旧有相当的权力，与其他行业不同的是林业的生物性及自然生态与社会发展要相适应的客观要求，又决定全国林业一盘棋思想在林业系统仍旧占主导地位。应当说，没有全国林业发展一盘棋的管理体制，各自为政对中国林业建设和发展是不利的。这种一盘棋体制也制约了地方林业经济的发展，林业企业在企业内部有相当的自主权，但涉及与区域经济发展相协调的时候往往显得相对孤立，表现在一个区域地方机构设置上，一个县内同时又有正县级的林业企业，因为林场与县域在土地上的交叉，造成乱占林地现象突出，至于林业办社会等问题就更突出了。总之，当前的林业管理体制是历史原因和现实原因结合的产物，这种体制优势与劣势并存，与现代林业发展和建设林业新格局之间存在着一定的矛盾。

一、我国林业管理机制现状

我国目前的林业管理机制运用还很欠缺，主要运用权力机制保障部分利益机制，而对于其他领域和行业中广泛运用的市场利益机制、竞争机制的运用方面是非常有限的。目前的机制运用主要体现在投资方面[1]。

---

① 林琳.我国国有森林资源管理体制研究[D].哈尔滨：东北林业大学，2012.

我国林业投资结构主要应由以下几方面组成：①中央财政预算，应积极争取将林业占国民经济 GNP 预算逐年提高；国家财政预算始终是林业建设的主要资金来源，但总的来讲，林业与同期水利、交通等基础行业建设投入总额相比，投资明显偏少，在国家日益重视森林对环境影响的今天，积极争取更多国家预算是十分必要的；②在中央财政比较困难的情况下，各级地方政府通过各种渠道筹集一定数额资金，对确保林业项目建设作用重大，将是今后林业投资体制中一个重要组成部分；在林业建设中，地方政府的积极投入也是拓宽投资渠道，增加林业建设资金的重要来源；③建立生态林效益补偿制度才是改善今后林业投资环境的根本举措；森林生态效益补偿制度建立的成功与否，对今后我国林业投资体制改善意义重大，对我国今后林业发展的命运影响深远；④育林基金的收取可弥补林业建设资金的不足；但是多年来育林基金由于相应配套措施不完善，全国范围内存在着收取困难、使用管理不严、投向分散、效益不高、挤占挪用等问题、实际育林基金只能维持森林资源更新所需费用的 7.7%；因此，在今后育林基金提取比例不可能有大幅度提高的情况下，此项费用将只能作为国有林区和部分集体林区资源更新费用的补充；⑤国家政策性投入、各类贷款也是林业融资的主要组成部分，并发挥着越来越重要的作用。

现已逐渐形成"以中央财政预算拨款、生态效益补偿费为主，政策性投入、育林基金、各类贷款及其他专项项目经费为辅"的投资格局。以后逐年会提高社会公益性林业建设投资比重和信贷资金融资比重，并在尝试林业进入保险领域，引入风险投资机制，逐步理顺投资渠道。资金使用上明确采取公益性林业建设项目以中央拨款、生态效益补偿费投入为主；商品林建设、新林区开发、林产工业等基础产业使用国家政策性投入；其他项目原则上以商业信贷等市场投资为主的运行方式，提高投资使用效益。

二、我国林业管理机构现状

（一）政府的林业组织体系

我国政府的林业调控组织体系，是实行有效调控的组织保证，其结构应包括横向系统和纵向系统。横向系统包括决策部门、信息部门和执行部门。纵向系统包括中央、省（市、自治区）和县人民政府的林业主管部门。

（二）中国林业管理机构

我国林业管理机构的设置基本是采用行政直线式，按照行政系统从上到下划分为一定层次，层层设置管理机构。各层林业管理机构是同层次政府的职能部门，同时又受上一层次林业管理机构的业务指导。具体的林业经济管理体制：国家设国家林业局（现"国家林草局"），是国务院的组成部分，负责全国林业经济方针、政策、计划、重大建设项目和经济业务的指导组织、监督和控制。各省（区）、市、县都相应地成立了林业管理部门，领导和组织林业基层单位的生产建设。

三、我国林业管理制度现状

（一）林业产权制度现状

我国林业还没有建立起适应市场经济的产权制度。产权不明确，主要表现在：第一，林业经营者的产权主体地位没有建立起来，在林业中体现产权主体的国家、集体、经营合作组织与政府关系的界定不清楚，各级组织及机构与其管理者的关系也不清楚；第二，产权的客体，包括林业用地、林木、林业生产技术、林业生产条件在内的多种产权的占有、使用、分配、经营等没有明确、具有法律意义和可操作意义上的科学划分。突出表现在林木和林业用地的产权划分不明确。我国受长期计划经济的影响，公有制经济成分在林业中占主要地位，特别是林业用地归国家或集体所有，大部分林木资源也都属于国有或集体所有。根据第三次全国工业普查的情况，全国林业系统独立核算的各种经济类型资产分布状况，总资产为595.292 2亿元，其中，国有经济的比重占87.51%，集体经济占5.995%，其他经济成分为6.49%。其他经济成分的经营领域主要集中在木材加工、运输和林产品流通领域林业的经营，特别是处于基础地位的营林和育林基本上是以公有制产权形式运行。而这种公有制形式又在很大程度上受政府行政行为的影响，单一的所有制形式极大地限制了市场竞争，使林业处于封闭的环境中，林业的生存和发展不得不依赖政府。到目前为止，主要的问题是我们还没有找到一种比较好的林业用地和林木产权占有方式。

（二）森林资源核算制度现状

长期以来，在计划经济体制下，对生态环境资源耗用不计价，不考虑对它的价值补偿，使它排除于社会再生产价值运行之外，不能全面地反映国民经济运行的实际状况和再生产价值运动的真实全貌。自 20 世纪 80 年代以来，由于资源环境问题日益突出，资源与环境核算问题引起各国、各界和国际有关组织的极大关注，许多国家开展了资源与环境核算的研究。在我国，森林资源核算制度目前总体上仍处于研究阶段。自 2004 年开始，国家林草局、国家统计局连续开展了三期中国森林资源价值核算研究。2022 年 6 月 7 日，国家林业和草原局、国家统计局联合下发通知，决定在内蒙古自治区、福建省、河南省、海南省、青海省等五个地区开展森林资源价值核算试点。

（三）森林生态效益补偿制度

森林生态效益补偿制度是指为了提高和保持生态环境生态效益的循环能力，对破坏环境者给予所需承担责任而制定的法律规范。各个国家为了保护森林资源都将森林生态效益补偿制度纳入工作重心之一，我国为了实现经济可持续发展，同样非常重视森林补偿制度的建立与完善。2019 年新修订的《中华人民共和国森林法》第七条规定："国家建立森林生态效益补偿制度，加大公益林保护支持力度，完善重点生态功能区转移支付政策，指导受益地区和森林生态保护地区人民政府通过协商等方式进行生态效益补偿。"

发展和保护森林生态环境主要须解决的问题之一，就是如何完善森林生态效益补偿制度，随着《森林法》的修订与实施，有关的理论研究也如雨后春笋般地出现，生态效益补偿制度已经开始被人们所重视，生态效益补偿实践也在全国各个地方逐渐展开。但我国目前缺乏一套完善的法律制度，相关的规定较为零散，地方上在处理相关问题时的依据主要为地方性法律文件，这些都不利于我国森林生态效益补偿的推广。因此完善我国的生态效益补偿制度需要从立法出发，结合我国森林生态效益补偿的实践，总结国外森林生态效益补偿的经验，从而积极建设与完善我国的森林生态效益制度。

第二节　我国林业体制改革所面临的困难

一、目标定位不明确也不准确

行政管理机构的职能紊乱。特别是集体林的县（市）级林业管理机构，既是政府的职能部门，具有行政决策、行政领导、行政监督、行政协调等功能，同时又是国有林业的经营者，从事林业生产的经营活动。这样既削弱了行政运行的约束机制，导致了为完成生产任务和追求经营效益而置林政和森林资源管理于不顾，也使林业企业依附于林业行政管理部门，导致其缺乏经营决策及经营管理的自主权而没有活力[①]。

管理部门的很大部分精力都放在了工程项目上，忽略了政府的真正职能是为市场机制的有效发挥提供公平竞争的环境，以及为中介组织、企业、职工和林农提供各种基础性服务工作。正因为此，也造成了管理体制中一些具体目标的不明确。如分类经营制度，对于分类是对营林单位进行分类，还是对不同功能的森林类型进行分类？分类后的管理与监督如何实施？公益林以生态建设为主，那么其中的商业性利用可以达到何种程度？商品林也有生态效益，那么对其发挥的生态效益有何补偿？针对划分为3类林的情况，兼用林又如何实现兼而用之的目的？再如林业产权制度，针对国有和集体产权部分，到底谁来代表国家和集体的利益？如何保证这种国家或集体利益的代表人能真正代表好国家和集体的利益？

总之，政府部门由于目标定位不够明确，也不够准确，致使政府部门自身卷入一些具体的营造林工作当中，置身其中当然也就无法承担起宏观的职能，无法真正实现市场经济社会的市场配置资源的基础性作用，各种社会机构、企业和个人也无法得到政府应该提供的相应服务。

二、管理机制以权力机制为主，难以适应市场经济的发展需要

我国林业管理在很大程度上是一种政府行为，其管理机制主要是行政性权力机制。单纯从管理的角度来看，强化行政管理手段无疑是必需的。然而，管理不仅仅是行政管理，即或是行政管理，在市场经济条件下，也必须运用市场机制，运用法律的、经济的、教育的等多种手段。市场经济最本质的特征，就是在资源配置中，市场起基础性作用。这一性质决定了市场经济条件下的宏观林业经济管理具有两个最基本的特点：一方面，由于市场起基础性作用，人们的林业经济活动都不可避免地带有市场的色彩，要服从市场规律的要求，以追求利润最大化作为行为的主要目标，这就对强化宏观林业管理提出了更高的要求；另一方面，市场

---

① 陈春艳.构建新型林业财务管理体制的思考[J].经济管理文摘,2020(15):128-129.

效应的影响使得林业经济管理手段变得更为重要。而一些过去行之有效的行政管理手段由于市场的作用而显得无能为力。这一变化表明以行政管理手段为主的林业管理体制难以适应市场经济的要求，而更应注重市场利益和竞争机制的运用。

三、国民经济核算体系存在缺陷，影响宏观管理效能的发挥

统计与核算体系是宏观管理体制的重要组成部分，科学的核算体系对宏观管理效能的发挥有重要的作用。我国现行体制中的国民经济核算存在严重缺陷，最突出的问题是核算中没有计入经济活动造成的生态环境代价，更没有计入生态环境资源的固有价值。正是由于这种错误的生态环境资源价值观的支配，使得我国许多林业企业、事业单位在其经济活动中，忽视节约和综合利用林业资源，忽视林业资源的长期效益和生态效益，只追求眼前的、片面的，因而也是虚假的经济效益，忽视了长远的、全社会的、真实的总体效益，从而造成企业外部的不经济性。

四、管理体制改革的配套与协调问题

管理体制中的机构、机制与制度三者的改革应协调同步地进行，这 3 个要素内部也应注意相互的配套与协调问题。如管理机构改革的前提是培育出称职的中介机构和多种经营形式的企业，以配合管理机构的职能转变。权力机制和竞争机制应以利益机制为基础，保证利益机制的顺利运作。各项制度的改革要加强彼此间的配合与支持，如林业资源资产化管理的前提就是产权的明晰化，以及森林生态效益的合理补偿。

五、资金的筹集问题

目前，筹资面临的难点和问题主要有以下几方面。

（一）营林产业市场参与能力差

多年来营林建设资金主要来自国家预算内资金及国家、地方自筹资金，而企业自筹资金部分很少。国有林场资金不足，尤其是森林经营资金不足，森林资源结构的调整与营林资金紧缺矛盾突出。资金使用效果差，林场资金筹集能力较低，形成不了强大的资金规模。由于受竞争弱、自身条件差，目前国有林场资金循环乏力，周转不灵，资金增值能力低下。而且营林产业还要考虑部分社会、生态效

益，资金成本高、回收慢、风险大，资金收益率低于社会平均利润率。

（二）森工企业尚未真正摆脱"两危"

森工企业是典型的初级产品加工企业，经营手段单一，加上木材价格不合理，使其市场竞争性差。国家森工宏观调控失控，主要表现为规模过大，生产能力过剩，行业结构失调，行业效益差，市场秩序混乱，企业经营难，森工机械化水平低。再加上木材市场持续疲软和生产成本费用不断提高，当前森工企业的资金获取越来越困难，若依靠现有的森工企业组织形式远难于解决企业再发展资金短缺问题。特别是国有采运企业，社会法人地位不明确，其资金来源主要是国家预算内资金及国内贷款，自发筹集及引进外资比重低。鉴于森工企业严重负债经营、企业发展资金严重不足的特点，为此积极寻求金融市场的融资渠道，就显得十分迫切。

（三）林产工业面临流动资金紧缺和沉重的银行债务负担

由于林业企业宏观失控，盲目建厂、重复建厂问题严重，企业规模小，生产布局分散，小型化、分散化严重。再加上受到森林资源约束，使其资金循环运动不畅，集中表现为产成品库存增加，造成"边贷款、边生产、边积压"的状况，林产加工企业的效益普遍下降，林产工业的资本产出率和投资效益水平仍然较低，这样林产工业企业依靠企业自身的经济效果和实力在金融市场上融通资金的能力就极其有限。

此外，对于不同的所有制，在投资培育森林上有着不同的方式与制度。国有林区在投资上可以形成规范的制度，而集体和私有林开发投资就很难形成规范的制度。由政府行为过渡到市场行为，实施林业分类经营后，哪些天然林要保护经营好，哪些林地实施集约经营，要受到所有者利益的驱动，即便是造林成林的林地，也容易遭到破坏、挪作他用。分散的林地经营不利于林业分类经营的进行。实现林业分类经营后，若生态补偿金无法实现或征收困难，林场根本就不可能拿出资金去管护公益生态林。实施分类经营后，商品林由经营者投入，而公益林的投入则需要有雄厚的财力做保证，这对于一些经济发达的财政强县而言并非难事，但对于经济欠发达的贫困地区来讲就显得捉襟见肘。

第三节　现代林业的保障体系

一、现代林业的投入体系

当前，我国林业资金来源有国家投入和社会投入两个主要渠道，其中能形成固定资产的资金称为建设资金，很多资金投入是不形成固定资产的[①]。

（一）公共财政投入

林业是一项重要的社会公益事业，同时也是一个重要的物质生产部门，兼具生态、经济和社会功能，是一个具有典型外部经济性的行业，需要国家对林业的资金、物资等投入和经济调控，需要建立长期稳定的国家支持林业和生态建设的资源配置体系。当前，我国财政改革的主要目标是逐步建立健全的公共财政体系，这必将对林业的可持续发展和建设中国现代林业产生重大和深远的影响。现代林业的投入体系中应扭转林业在国民经济定位中的偏差，理顺与财政的相互关系，构建适合我国国情、林情的林业与公共财政关系的基本框架，以促进林业资源的最优配置和充分利用。

（二）社会资金投入

社会资金，是指除国家财政拨款及其他社会无偿援助以外以盈利为目的的资金。近年来，随着林业战略结构的重大调整，国家鼓励全社会办林业的优惠政策相继出台，大大激发了社会资金拥有者对林业的投资热情，社会资金对林业的投资迅速增加。

当今世界各国，凡林业发展卓有成效者，莫不与政府对林业高度重视和采取积极有效的经济扶持密切相关。创造了"人工林奇迹"的巴西，从木材进口国一跃成为木材出口国的新西兰是如此，森林资源富饶的美国、加拿大也是如此。新西兰发展人工林的主要经验是政府制定了一整套鼓励社会及私人投资的政策，主要内容包括对人工林培育提供低于普通利息45%的低息贷款。巴西政府于1965

[①] 祁惠，吴茂仓.我国城市生态林业保障体系建设的问题、成因及对策分析[J].湖南生态科学学报，2016，3(3)：58-62.

年实施了造林税收激励法案，规定向人工林的经营者提供低息贷款、降低林产品的出口关税等。扶持国有林的发展是世界上许多林业发达国家林业扶持政策体系中的一项重要内容。美国等国家对国有林采取了统收统支的财务制度；日本对国有林实行特别会计制度，国有林的全部收入均由林业部门自用，所出现赤字由国家预算补贴，收入盈余则按特别会计的规定转入下年度使用。对私有林的扶持方式虽各国不尽相同，但归纳起来大致可分为3类：一是对某些林业活动给予补贴；二是给予贷款优惠支持；三是给予税收优惠。除上述扶持措施外，国家还通过制定一些相关政策为林业发展创造良好的环境，如干预或鼓励林产品进出口、稳定国内木材价格等。可以结合国外经验，根据我国的国情和林情，鼓励社会资金投入林业。

二、现代林业的科技支撑体系

现代林业的本质是科学发展的林业。建设现代林业，构建完备的林业生态体系、发达的林业产业体系和繁荣的生态文化体系，必须全面实施科教兴林、人才强林战略，努力提高林业自主创新能力，加快林业科学技术进步，充分发挥科学技术的支撑、引领、突破和带动作用。

（一）建立科学技术研究开发体系，提供技术储备

1. 优化资源配置，提高林业自主创新能力

（1）建立国家林业科学中心

国家林业科学中心以知识创新和原始创新为目标，重点开展林业基础和应用研究、重大共性及关键技术研究、林业高技术研究，着重解决事关林业全局的战略性、前沿性重大科技问题。可以在进一步深化科技体制改革的基础上，以现有国家级科研机构为主体，联合高等院校，以优势学科和重点领域为龙头，整合资源，逐步形成林木基因组与生物信息、数字林业、木材与生物基材料、生物质能源、森林防火、荒漠化防治等若干个国家林业科学中心，集聚一批高层次的国家级林业科技创新团队，带动林业科技整体发展水平的快速提升。

（2）建立区域林业科技中心

区域林业科技中心以区域技术研究开发和技术创新为目标，重点开展区域内共性生态建设技术、产业发展技术的研究开发、集成与试验示范，直接服务于三大体系建设的主战场，为生态建设、产业发展、文化繁荣以及新农村建设提供强

有力的科技支撑。可以在继续加强现有省级林业科研院所建设、充分发挥其作用的基础上，调动各方积极性，以区域内现有的中央和地方林业科研院所、林业高等院校为依托，根据全国生态建设和产业发展布局，按照优势互补、强强联合的原则，以项目为纽带，以树种、产品或生态区域为对象，通过创新管理机制、集聚科技资源、加强科技协作，逐步形成一批布局科学、结构合理的区域林业科技中心和创新团队，提高区域林业科技的整体实力和发展水平。

（3）建立林业科学试验基地

林业科学试验基地主要开展林业科学实验研究、野外试验研究、野外科学观测研究及相关科研基础性工作，为知识创新和技术创新提供研究平台和基础服务。可以根据林业科学实验、野外试验和观测研究的需要，在科技发展重点领域和典型区域重点建设国家、省部级重点实验室、陆地生态系统野外科学观测研究台站；在现有基础上，建设完善若干个工程技术（研究）中心和工程实验室；以种质资源库、科学数据库、科技信息网络等为主体，建立林业科技资源共享平台。

（4）建立林业企业技术研发中心

依托具有较强研究开发和技术辐射能力、具有良好技术基础的优势企业（集团），建立林业企业技术研发中心，以项目为依托，以产品为龙头，以政府投入为引导，以企业投入为主体，主要开展林业资源开发利用领域的新技术、新工艺、新设备等高新技术和相关产品的研究开发，充分挖掘科研院所、高等院校的研究力量和成果储备，促进产、学、研相结合，提高林业企业的技术开发能力，增强林业企业的核心竞争力。

2. 加强实用技术与新型产品的开发

（1）加强林木良种培育技术研究

针对国林木良种培育滞后、林业生产良种使用率较低等问题，重点开展主要造林树种、竹藤、花卉等植物的功能基因组学，木材形成、抗逆、抗病虫等性状的基因解析，木本植物速生、优质、高抗的分子育种，林木种质资源的收集、保存与科学利用，林木抗逆能力的定量测评及早期预测筛选，生物技术与常规育种技术的结合与创新，重要造林树种的良种选育，体细胞胚胎扩繁，名特优新经济林和花卉良种繁育等技术的研究，为现代林业建设提供能满足不同生态区域和重点工程需要的优良品种和转基因新品种。

（2）加强森林灾害防治技术研究

针对森林灾害防治过程中的突出问题，重点开展森林灾害的生态、生物学管理技术，森林重大生物灾害发生机理，多重胁迫对森林健康的综合影响，森林健康维持与恢复技术，重大森林灾害的可持续控制技术，森林灾害的信息管理技术，森林火灾监测预警技术，森林火灾防控与安全扑救技术研究，提高对森林灾害的综合防治能力，为现代林业发展保驾护航。

（3）加强退化系统修复技术研究

针对林业生态工程建设中的关键技术难题，重点开展森林生态网络体系构建技术，水土保持林、水源涵养林、农田防护林、沿海防护林、抑螺防病林、景观生态林体系构建与经营技术，典型困难立地植被恢复技术，石漠化综合治理技术，低效生态林改造技术，退化天然林恢复与重建技术，湿地生态系统保护与恢复技术研究，构建现代林业生态安全技术保障体系。

（4）加强森林定向培育与可持续经营技术研究

针对我国森林可持续经营水平低，林地生产力低、森林生态功能差等现状，重点开展工业用材林、高效能源林、经济林优质高产定向培育技术，森林生产力形成与调控技术，主要森林生态系统类型的经营技术体系，森林生长动态模拟及预测技术，森林可持续经营的理论、技术与认证体系研究，提高森林可持续经营水平。

3. 加强知识产权保护

（1）加强林业知识产权管理

以林业知识产权战略研究为基础，有序开展林业植物新品种、专利、名牌产品、遗传资源等的管理工作。建立健全预警机制，规避知识产权侵权风险，防范技术贸易壁垒。建立有利于林业知识产权形成与保护的激励机制，建立对侵犯林业知识产权行为的举报与处罚协调机制。

（2）建立发达的林业植物新品种保护代理网络

品种权代理人是申请人和审批机关之间联系的桥梁，是委托人的参谋和顾问，是申请人和品种权人利益的维护者，也是《植物新品种保护条例》的执行者和捍卫者。品种权代理机构是经营或者开展品种权代理业务的服务机构，在实施《植物新品种保护条例》、实行植物新品种保护制度中起着十分重要的作用。通过开展代理人培训、考核，培养一批合格的植物新品种权代理人，审核批准一批品种权代理机构，逐步建立起发达的全国林业植物新品种代理网络。

（3）建立专业的林业植物新品种保护测试机构

植物新品种测试是实施植物新品种保护的关键一环，是判定一个品种是否为新品种的主要手段。目前我国已有 1 个测试中心、5 个测试分中心、2 个分子测定实验室、5 个专业测试站，并培训了一大批植物新品种测试技术人员。当前，需要进一步建立健全植物新品种测试机构，完善植物新品种测试标准体系，逐步形成完备的全国植物新品种测试体系。

（二）建立健全成果体系，促进科技与生产紧密结合

1.搭建专业孵化平台，促进科技成果产业化

（1）建立工程技术中心

依托行业内科技实力雄厚的科研机构、科技型企业或高等院校，与相关企业紧密联系，整合工程技术综合配套试验条件，汇聚本领域一流的工程技术研究开发、设计和试验的专业人才队伍，建立一批工程技术中心，加强科技成果向生产力转化的中间环节，缩短成果转化的周期，促进科技产业化。工程技术中心主要根据国民经济、社会发展和市场需要，针对行业、领域发展中的重大关键、基础性和共性技术问题，持续不断地将具有重要应用前景的科研成果进行系统化、配套化和工程化研究开发。同时，面向企业规模生产的实际需要，为企业规模生产提供成熟配套的技术工艺和技术装备，不断提高现有科技成果的成熟性、配套性和工程化水平，推动集成、配套的工程化成果向相关行业辐射、转移与扩散，促进新兴产业的崛起和传统产业的升级改造，并不断地推出具有高增值效益的系列新产品，推动相关行业、领域的科技进步和新兴产业的发展，形成我国林业科研开发、技术创新和产业化基地。

目前，我国林业系统虽然在林业机械、林产化工、木材加工、竹藤、经济林种苗 5 个领域建立了 5 个国家级工程技术（研究）中心，但与国内其他行业相比，差距非常大，这也是影响我国林业科技成果转化、制约林业产业快速发展的重要因素。应结合我国林业生态建设和产业布局，在科学规划的基础上，整合资源，重点在生物质能源、生物质材料、花卉、沙产业、工厂化育苗、特种资源开发利用等领域建设一批国家级工程技术（研究）中心，为加速科技成果转化、促进林业产业发展奠定基础。

（2）建立林业科技园区

本着服务于科技创业、发展高新技术产业和改造传统产业的基本原则，重点

在经济基础雄厚、科技资源集中、资本市场成熟和综合信息密集的地区，选择技术较为成熟、产业化条件具备、有广阔市场前景、具有物化有形载体且易于进行知识产权保护的领域，如以转基因技术为核心的动植物新品种培育、以精确林业为核心的林业信息技术、生物制剂技术、现代林业装备和设施、林产品精深加工和储运等，建立林业科技园区，主要目的是强化林业科技成果组装集成、转化示范和孵化带动，将科技资源迅速、高效地转化为现实生产力，培育中小科技企业，加速区域产业结构调整，推动高新技术产业发展和传统产业改造升级。重点是通过与相关专业领域的国内外科研院所、高校、大学园区的有效联合和互利合作，把先进适用的科技资源不断地引进来，成熟化后使之扩散出去。同时，紧紧依托具有较强竞争力、带动力的龙头企业、种养大户、致富能手，充分发挥孵化器对科技创业企业的集聚功能，为其提供方便快捷的各类科技产品服务，引领相关企业和要素向园区积聚，形成区域支柱产业和经济增长点。

（3）加强高技术产业化示范

结合现有研究开发基础和高技术储备水平，选择林业生物技术、林木（竹藤、花卉）新品种培育、木竹新材料、林化产品精深加工、森林生物质能源、森林生物制药与森林食品、林业信息技术和林业高技术装备等林业高技术重点发展领域，以森林生物资源及其衍生资源为主要对象，根据其分布的区域性和异质性、区位比较优势、林业高技术产业基础及市场发育状况，以生物技术、新材料技术、新能源技术、信息技术等高技术为手段，形成一批以林木新品种和种苗培育为先导、集约经营的产业带和以精深加工为重点的产业集群。重点是加大企业高技术产业化力度，鼓励和推动企业投身高技术计划，并成为高技术应用和产业化的主，造就一批知名品牌，加快传统技术改造，推动林业高技术产业化，促进产业结构的战略调整和产业升级，形成有特色的林业高技术产业链。

2. 加强林业质量检测

随着经济全球化进程的加快，无论是发达国家还是发展中国家都加强了林产品质量安全工作。林产品质量安全问题已经成为一个国家林产品生产、加工、流通和对外贸易中最主要的控制领域，成为目前国际市场四大技术贸易壁垒的最重要部分之一。建立与国际接轨的林业检验检测体系，加强从生产环境、生产过程到最终产品的全过程监测管理，有利于生产单位提高产品质量，同时把国外的有害或劣质林产品控制在国门外。

（1）加强林产品质量检验机构建设

根据林业产业发展总体布局和重点领域，紧密结合各地实际，依托科研机构、高等院校和重点企业，建设一批国家和行业林产品质量检验检测中心，形成布局合理、规范有序的林产品质量检验检测体系。在区域布局上，达到各主要林产品及主产区都有相应的局级质检中心；在检测范围上，能够满足对我国木质林产品、经济林产品、森林食品、林木种苗、花卉竹藤，以及林业生态环境等质量安全监测和质量性能检测的需要，实现林产品生产过程到市场准入的全程质量安全检验检测；在检测能力上，能够满足按国家标准、行业标准和地方标准对林产品质量、安全、工艺、性能等参数进行检测的需要；在技术水平上，局级质检中心应达到国际同类检验检测机构水平，并逐步实现检验检测结果的国际互认。

（2）加强林产品质量安全监测

实施林产品质量安全监测制度，加大对林产品、林木种苗、花卉、竹藤产品、森林食品和森林消防装备，特别是涉及人的身体健康和生命安全的林产品质量监督检查力度。强化外来有害生物检验检疫，推行质量标志管理，确保生态安全和林产品质量安全。加强林业生态工程质量监督工作，对林业重点工程建设，要按标准设计、按标准实施、按标准验收。逐步建立符合我国国情的林业工程建设质量管理和监理体系。

（3）组织开展名牌林产品认定

组织开展名牌林产品评选和认定，对于全面提高我国林产品知名度和市场竞争力，促进地方经济发展和农民增收等都具有重要意义。参照国家开展名牌产品评选认定工作的办法，通过严格评选标准、规范评选程序，真正发挥名牌林产品评选认定工作的导向作用；建立淘汰制度，实行滚动管理，确保评选认定的名牌林产品真正具有较强的市场竞争力和较大的市场占有率。

第四节　现代林业的国际合作

当今世界，经济全球化深入发展，贸易自由化趋势不可逆转，新科技革命加速推进，全球和区域合作方兴未艾。我国现代林业发展离不开世界，需要共同分享发展机遇，共同应对各种挑战。加强国际合作，充分利用国内外两种资源、两个市场，积极引进国外林业先进技术和管理经验，通过实施"请进来、走出去"战略，大力培养高素质林业人才，利用国际环境全面提高我国林产品国际竞争力，为实现现代林业又好又快发展提供良好的国际环境和保障。

一、制定国际规则与履行国际义务相结合

为了顺应国际潮流，应对国际挑战，增加国际话语权，就要加强林业相关国际规则的研究，参加国际重大活动，参与各种国际规则制定，以此促进我国现代林业的可持续发展[①]。

（一）参与制定国际规则

1. 完善世贸规则研究以应对国际市场挑战

林业国际化要求公开国内政策，增加透明度，便于外商投资开发森林和发展林产品贸易。中国林业进入国际市场，需要进一步了解世贸等国际规则，急需完善相关政策法规体系，应对各种挑战。第一是加快林业企业改制步伐，第二是完善林业企业社会保障体系，第三是完善包括银行和资本市场在内的金融体系，第四是加快行政部门转变职能，第五是加强林业法治建设。我国林业市场化程度较低，世界贸易组织（WTO）规则复杂，需要从关税、资本市场、投资环境、法律规范等方面深化研究，以市场准入规则为指导，加强与WTO原则的衔接，形成可操作的林业行业政策法规体系。

要重视国外木材流通市场管理和服务体系的研究，尤其要加强对国外的木材信息网络、销售网络、竞争战略、营销决策、收购政策、兼并政策以及全球化木材流通机制的研究，建立现代化木材经营机制和管理办法。要研究林业如何适应世贸规则，保护林业，发展林业。WTO规则是一项复杂的贸易规范体系，充分利用可以大大提高我国贸易的主动地位，特别是在条款的利用方面，如林产品进出口贸易、技术设备的引进、新兴工业的保护、国际贸易争端的处理等。

2. 参与制定相关国际规则

林业可持续发展需要与环境保护有机结合，《21世纪议程》要求各国制订国家林业行动计划。为帮助各国有效制订国家林业行动计划，政府间森林问题工作组提出了一个基本原则：保障国家主权和国家领导，与国家政策和国际承诺相一致，与国家可持续发展战略相结合，促进合作关系和公众参与，兼顾整体利益和

---

① 辛占良.林业国际合作20年实践与思考[M].西安:陕西科学技术出版社,2014.

部门利益。

2002 年，联合国粮食与农业组织成立了国家林业计划基金，旨在用 5 年时间促进 60 余个成员的国家林业计划进程的制订和实施，加强林业知识的全球共享。在政府间森林问题工作组通过的、联合国森林论坛批准的基本原则指导下，许多国家已修订和制订了各自的国家林业计划。同时，各国都积极研究制订了森林可持续经营的标准和指标，并作为评价国家森林状况及变化趋势的工具，以促进森林可持续经营。

我国需要积极参与国际多边合作，参加国际森林问题多边磋商以及亚太经合组织林产品贸易自由化谈判，坚持立场，参与全球林业游戏规则制定，积极推进有关国际公约的制定、谈判与实施，及时做到中国与国际林业的接轨。要充分利用"绿箱"政策，有效利用结构调整支持、环境计划支持、地区援助等手段，加强林业能力建设，提高我国林业国际竞争力，维护国家的根本权益。

3. 完善与国际接轨的林业标准指标体系

要重视林产品国际技术标准的制定、完善和实施，扩大出口创汇能力。当今国际贸易关税壁垒大大减少，但非关税壁垒却呈上升趋势，有的国家采取各种办法限制外来商品进入，产品容易受到进口国的种种限制，给扩大出口造成障碍。近年来，我国家具等林产品的出口就受到各种阻挠而产生贸易摩擦。为了应对市场经济要求和激烈的国际竞争，我国必须加快实施林业标准战略，完善林产品贸易相关政策，推动具有自主知识产权的林业产品和技术进入国际市场，不断扩大我国林业的国际影响。要紧紧围绕林业生态、产业和文化三大体系建设的工作重点，参照国际惯例，结合我国特点，研究和制定既符合 WTO 规则、又能保护我国国家利益，并有利于促进林业发展的林业标准和技术规程，建立和完善以国家标准和行业标准为主，地方标准和企业标准为辅的林业标准体系；积极参与国际标准的研究制定，逐步提高我国采用国际标准的比例，不断提高我国森林可持续经营水平。

（二）积极履行国际义务

不论是由林业牵头执行的《联合国防治荒漠化公约》《濒危野生动植物种国际贸易公约》《关于特别是作为水禽栖息地的国际重要湿地公约》（简称"湿地公约"）等，还是参与执行的《保护臭氧层维也纳公约》《联合国气候变化框架公约》及其《京都议定书》《生物多样性公约》，以及有关国际文件、双边协定等，我国都把其要点引入相关法律和政策之中，并认真履行义务，树立良好的国际形象。

1. 认清履约的新形势和必要性

国际社会在联合国环境与发展大会通过的《里约宣言》《21 世纪议程》和《关于森林问题的原则声明》的基础上，先后成立了政府间森林问题工作组、政府间森林问题论坛和联合国森林论坛，开展世界范围内的官方磋商，力争在国际森林问题上有所突破，以实现全球性的森林可持续发展。与此同时，全球众多国家参加的森林可持续经营标准与指标的国际进程和森林认证工作也在蓬勃发展，都在不同程度地直接或间接地涉及各个国家的林业部门。近年来，全球范围内开展的林业政策、计划和管理机构的调整，不仅体现出外部的政治经济倾向，也反映了林业部门内部的变革。20 世纪末，一些亚太经合组织的发达成员为了更多地占领国际市场，就提出要超前于 WTO 实施贸易投资自由化，林产品是优先讨论的 9 种商品之一。我国积极参与亚太经合组织贸易投资自由化谈判，并于 2001 年 12 月 11 日正式成为 WTO 成员方，表明了我国积极参与区域和世界经济合作的立场。

随着我国改革开放的不断深入，国家和社会对林业空前重视，经济发展和社会进步对林业可持续的要求越来越高，林业已成为我国生态、产业和文化建设的重要组成部分。我国林业正经历着前所未有的深刻变化，传统林业正在淡化，现代林业已经显现。加入世界贸易组织的我国将由局部性的对外开放，转变为全方位的对外开放；由以政策主导下的试点性开放，转变为法律框架下的可预见开放；由单方面为主的自我开放，转变为与 WTO 成员之间的相互开放。这不仅给林业的对外开放工作带来了机遇，同时也带来了挑战。国内外的新形势要求我国林业必须转变思路，解放生产力，更广泛地参与国际分工与合作，更大限度地开放国内市场，满足新时期人类对林业的多种需求，促进现代林业又好又快发展。

2. 履行 WTO 规则和林业相关协定

WTO 强调可持续发展与环境保护，并允许为保护环境、人和动植物安全采取规则以外的措施。在 WTO 认可的 20 个国际协定中，有《濒危野生动植物种国际贸易公约》《京都议定书》《森林可持续经营标准和指标》和《林产品加工技术、工艺、质量与环保标准》4 个与林业直接相关。对这些协定和措施的执行，有助于我国林业发展和生态建设重点工程在符合 WTO 规则的基础上顺利实施。同时，

WTO 强调公平竞争，必将引入更多的民营机制，以降低成本和提高效率。

3. 通过履行国际公约树立良好国际形象

我国是一个少林国家，而且森林资源分布不均、质量不高，还面临着水土流失、土地荒漠化、水资源短缺、物种减少等突出的生态问题和频繁的水涝、干旱等自然灾害，经济发展与生态建设的任务都非常繁重。但是，我国政府一向高度重视环境与发展的协调问题，重视林业建设，把植树造林、绿化祖国、改善环境作为一件大事，从政策上、经济上、法律上采取了一系列重大措施。迄今，我国参与缔结或加入了 40 多项重要的国际环境条约，除了把这些公约中规定的权利、义务落到实处外，还根据国内情况通过一定法律程序将国际环境法规转化为适用的国内法加以实施。

4. 积极参与相关国际进程

（1）森林可持续经营标准与指标进程

联合国环境与发展大会后，世界各国都在自发地参与森林可持续经营国际进程的同时，积极对本国森林经营状况进行监测和评价。有关国际组织召开了一系列国际会议对森林保护与可持续经营问题进行了讨论，提出了一系列的标准与指标体系框架。到目前为止，全球共有多个进程同时运作，一百多个国家正式参与。

我国政府十分重视森林保护与可持续经营问题，并积极参与国际上与我国森林状况有关的活动。我国主要是蒙特利尔进程和国际热带木材组织进程的成员国，也参与了干旱亚洲进程的相关活动。目前，我国充分吸纳了国际上有关标准与指标体系的合理成分，并与国际标准和指标体系接轨，建立完善我国森林保护和可持续经营标准和指标体系框架，并继续研究在区域水平和经营单位水平上的标准与指标体系。

2022 年 5 月，国家林业和草原局代表中国政府组团参会，中国代表团积极参与会议各项议题讨论，分享了中国森林可持续经营试点经验。通过参加此次会议，相关单位深化了对蒙特利尔进程的认识。国家林业和草原局规划院、林科院联合组织开展的森林资源可持续经营管理试点工作，将继续开展蒙特利尔进程指标体系试验研究和示范应用。同时，加强对中国森林可持续经营、调查监测示范与最佳实践的研究和总结，运用中国研究成果和实践经验，推动蒙特利尔进程发展，扩大我国在进程中的影响。

（2）森林执法与管理进程

我国政府积极开展双边、多边国际交流与合作，相继参加了亚洲和欧洲及东北亚森林执法与管理等相关国际进程和会议，协助木材生产国控制非法采伐。2000年，中俄两国总理签署了合作开发和可持续经营俄罗斯远东地区森林资源的政府间协定；2001年，国家林业局（现为国家林草局，下同）参与了亚洲加强森林执法管理非正式部长级会议，共同发表了"采取紧急措施——制止林业违法和林业犯罪，特别是非法采伐，以及与之相关的非法贸易、腐败和对法律规定的消极影响"的声明；2002年和2008年，国家林业局分别与印度尼西亚和美国相关政府部门签署了关于非法采伐的谅解备忘录，承诺制止非法采伐和相关贸易；2005年，中欧在北京达成《中欧峰会联合宣言》，双方同意"共同合作打击亚洲地区的非法采伐问题"；2005年，中俄领导人在北京会晤中一致同意进一步加强森林资源开发利用，加大对非法采伐木材和贸易的打击力度；2007年9月，我国与欧盟等联合在北京召开了森林执法和管理国际会议。对于木材非法采伐和相关贸易，我国政府反对态度坚决、打击立场强硬、遏制措施严厉，通过制定法律及完善进口管理法规，成立机构加强执法，完善木材监督管理体系，从而在木材供给、产品加工和居民消费链上建立起一整套有效的综合措施，来预防和制止这类事情的发生。同时，还与周边国家建立了一些联动机制，共同打击木材走私行为。所有这些政府间合作及行动，充分体现了我国政府坚决打击木材非法采伐和相关贸易、维护国际木材贸易秩序的国际形象。

二、通过国际科技合作促进国内科技创新

（一）建设一批高水平的林业科技国际合作研发基地

当今世界，国与国之间的联系日益密切，尤其是随着经济全球化进程的加剧，各国都无法仅仅依靠自身力量谋求发展，世界市场已经把各国紧紧联系在一起，在利益上互相掣肘。可以说，在科技全球化浪潮中，科学研究全球化趋势日益加强，而跨国合办研究开发机构是国际科技合作深化的表现。目前，已有美国、日本、德国、澳大利亚、俄罗斯、韩国等多个国家的公司、科研机构和大学与我国的科研机构和高校合办了研究开发机构。对于林业来说，应顺应当今科技合作潮流，与国家重大林业科研计划、重点实验室、工程中心等相结合，积极鼓励并依托具有优势的科研院所与国外相关机构合作，建立高水平的林业国际合作研究中

心和研发基地。在合作研究机构的研究方向上，应强调前沿领域研究，例如生物技术和信息技术等，做好前瞻性研究，促进现代林业的可持续发展。

（二）建立国际化研究组织和研究网络以打造林业国际合作平台

随着我国综合国力的提高和林业科技国际地位的上升，林业科技国际合作的国际化运作也应提升层次，其中建立国际化研究组织就是重要的内容。1997 年在北京成立的国际竹藤组织就是一个成功的范例。为了配合相关研究工作，我国政府还成立了国际竹藤网络研究中心。通过国际竹藤组织这一国际科技合作与交流的平台，我国竹藤科研和开发水平日益提高，国际影响力日益增强。目前，我国已经成为国际竹藤研究开发和信息的集散地，众多国际机构都提出了合作研究的建议。

（三）保护知识产权以强化科技创新

随着世界步入知识经济时代，知识资产已经成为国家财富的源泉。在国际科技合作中，知识产权制度的完善与否已经成为影响合作发展的重要因素。可以说，知识产权制度已经成为全球科技竞争与合作的一种基本规则。因此，我国应建立诸如植物新品种保护等方面合理的林业知识产权制度，并提高知识产权的管理能力，这也是促进林业科技创新的必要条件。

创新始终是科技工作的首要任务，林业行业也是如此。林业科技的创新离不开学习和借鉴、引进和吸收，通过采取"走出去、引进来"的方式，加强与林业发达国家的科技交流和合作，学习借鉴林业发达国家的先进经验，以最快的速度引进国外先进技术并加以吸收运用。把学习借鉴的经验和吸收的先进技术与我国特色相结合，并转化为发展的动力，推动我国现代林业建设赶超世界林业发达国家的发展水平，迈入国际林业先进国家行列。创新是现代林业的基本特征之一，也应是现代林业国际合作的重要特征，没有创新的林业必将是没有发展前途的林业。需要强调的是，现代林业的国际科技合作目的是充分利用国际科技资源与成果，在消化吸收的基础上，进行自主创新和集成创新，形成拥有自主知识产权的林业科学技术。

三、通过加强国际合作提升人才素质

（一）借鉴国外经验加强人力资源开发

深入系统地研究国外尤其是发达国家人力资源开发的方法和经验，充分挖掘和利用林业人力资源潜力，是全面提高我国林业人才素质的有效途径之一。一是政府重视教育，积极开发人力资源，如美国政府的教育投资已占 GDP 的 7%；二是人力资源开发目标和内容突出实用价值，如美国专业和课程设置根据实际需要确定；三是人力资源开发手段充分利用高科技，如德国于 1974 年建立了"远距离大学"进行就业培训，作为解决就收的主渠道；四是把培训与就业紧密结合起来，如英国在 1973 年颁布了《就业与培训法》，推行一系列培训计划，大型企业自办高等教育或与学校合作培养人才；五是重视老年人力资源开发；六是采用各种手段从国外引进高素质人才；七是建立和完善人才奖励制度；八是重视人力资源开发立法工作，使人力资源的开发成为一项法定活动；九是设立人力资源开发机构和加强人力资源开发研究等。

我国对人力资源开发研究起源于 20 世纪 80 年代中期，但是发展迅速，许多地区和行业、部门都在进行积极探索，尤其是加入 WTO 后，更是掀起了人力资源研究热潮，取得丰硕成果。但相对而言，我国林业人力资源开发研究还较少，国内其他行业和国外同行的许多经验和做法可供参考和借鉴。

（二）加强国际交往和行业交往

各级林业管理部门和企事业单位要积极组织参观考察国内外先进的人力资源开发机构，学习吸取他们的有益经验，同时应邀请国内外专家，通过讲学和组织研讨会等形式，加强与国内外同行和其他行业在人力资源开发方面的交流。应鼓励与国内外大学、企业和其他人力资源开发机构以多种形式合作开发人力资源，尤其是开发林业高级技术和管理人员，提高我国林业人力资源的开发水平。要创造条件，多派遣一些技术和管理骨干到国外留学、进修、培训；同时采取一定的政策，鼓励留学生回国工作，即使不回来，也可以以其他形式为祖国林业建设服务。要研究建立专项基金或奖学金，按照重大工程关键技术岗位要求，培养一批高水平的林业国际型人才。

（三）加大林业骨干国外进修培训力度

培养和造就一支有理想、能力强、懂规则、团结实干、勇于开拓进取的高素质林业人才队伍，适应新形势下对外开放工作的需要，是做好一切林业工作的关键。因此，要有计划、有目的、分层次地加强林业队伍培训和能力建设，培养一批科技领头人、科技尖子、科技骨干队伍和林业管理人才队伍。选拔优秀中青年科技人员去国外深造，通过学习掌握现代科技和高新技术，培养一批具有现代科技知识和经营管理才干，能在林业生产中开拓进取，进行技术创新、新产品创新并能参与国内外市场竞争的优秀人才。要培养从事世贸规则和有关公约相关条款的研究人员，同时培养一批懂经贸、法律、外语等方面的复合型人才，使他们在思想道德、科学理论、实践技能、作风修养等方面有大的提高，真正肩负起实现新时代我国现代林业又好又快发展的历史重任。

参考文献

[1] 蔡伟君. 生态公益林保护管理与建设研究 [J]. 中国林业产业，2021（10）：46-47.

[2] 陈春艳. 构建新型林业财务管理体制的思考 [J]. 经济管理文摘，2020（15）：128-129.

[3] 陈勇. 新形势下森林火灾预防问题探究 [J]. 南方农业，2021，15（9）：86-87.

[4] 楚艳萍，姜瑶，王旭. 森林火灾危害及其预防措施 [J]. 北京农业，2015（36）：117-118.

[5] 高鹏飞. 幼林抚育工作探究 [J]. 广东蚕业，2022，56（1）：127-129.

[6] 黄清臻，史慧勤，韩华，等. 有害生物防治 [M]. 北京：人民军医出版社，2014.

[7] 姜宇泉. 林业生态工程项目管理中相关问题的探讨 [J]. 现代农村科技，2013（22）：8-9.

[8] 焦建春. 林业有害生物发生病因与防控要点 [J]. 世界热带农业信息，2022（3）：44-45.

[9] 李泰君. 现代林业理论与生态工程建设 [M]. 北京：中国原子能出版社，2020.

[10] 李天珍. 太原市城市森林建设浅析 [J]. 山西林业科技，2021，50（2）：59-60.

[11] 李铁. 论我国林业生态工程项目管理完善 [J]. 同行，2016（10）：123.

[12] 李险峰，郭昭滨. 森林水土保持功能与生态效益评价 [J]. 防护林科技，2018（8）：62-63.

[13] 李小兵. 林业生态环境保护与建设策略探究 [J]. 南方农业，2020，14（36）：51-52.

[14] 李政龙. 林业生态工程研究与发展 [M]. 长春：吉林大学出版社，2017.

[15] 林中兴. 混交林营造与生态林业建设探析 [J]. 农业灾害研究，2022，12（2）：188-190.

[16] 刘仁义，王永良. 论保护天然林资源工作的措施 [J]. 中小企业管理与科技（上旬刊），2014
（2）：165.

[17] 卢寅轩. 森林病虫害防治与林业生态环境建设 [J]. 农家参谋，2021（24）：157-158.

[18] 祁惠，吴茂仓. 我国城市生态林业保障体系建设的问题、成因及对策分析 [J]. 湖南生态科
学学报，2016，3（3）：58-62.

[19] 孙恒坤. 我国天然林保护必要性及措施探讨 [J]. 新农业，2022（3）：32-33.

[20] 王海帆. 现代林业理论与管理 [M]. 成都：电子科技大学出版社，2018.

[21] 王立军. 生态公益林经营类型划分与经营措施的制定——以大青山呼和浩特市部分为例[J].
林业科技通讯，2016（12）：66-73.

[22] 王险峰. 农业有害生物抗药性综合治理 [J]. 北方水稻，2018，48（2）：40-46.

[23] 辛占良. 林业国际合作 20 年实践与思考 [M]. 西安：陕西科学技术出版社，2014.

[24] 芦倩倩. 林业资源型城市转型中公共部门人力资源开发研究[D].哈尔滨：黑龙江大学,2018.

[25] 杨巧妹 . 森林健康与林业有害生物管理 [J]. 造纸装备及材料，2021，50（11）：74–75.

[26] 吕泽均 . 林业绿色信贷对林业产业高质量发展的影响研究 [D]. 北京：北京林业大学，2020.

[27] 杨忠华 . 造林地整地的功能与营林建设的方法 [J]. 黑龙江科技信息，2016（17）：276.